基于地质模型的油气储层产能评价方法及应用

李少华　包　兴　喻思羽　雷启鸿　著

石油工业出版社

内 容 提 要

本书全面系统地介绍了基于地质模型的油气储层产能评价方法及应用。概述了产能评价方法；介绍了研究区地质背景，沉积相类型、特征及其展布，储层非均质性特征以及储层三维地质建模；提出了基于三维地质模型的产能评价方法并对产能影响因素进行了定量分析。

本书可供石油院校相关专业师生、石油地质现场工程师阅读，也可供科研机构从事相关研究的科研人员参考。

图书在版编目（CIP）数据

基于地质模型的油气储层产能评价方法及应用/李少华等著 . — 北京：石油工业出版社，2021.1

ISBN 978-7-5183-3927-3

Ⅰ.①基… Ⅱ.①李… Ⅲ.①油气藏-产能评价 Ⅳ.①TE37

中国版本图书馆 CIP 数据核字（2020）第 069698 号

出版发行：石油工业出版社

（北京安定门外安华里 2 区 1 号　100011）

网　　址：www.petropub.com

编辑部：（010）64523604　图书营销中心：（010）64523633

经　　销：全国新华书店

印　　刷：北京晨旭印刷厂

2021 年 1 月第 1 版　2021 年 1 月第 1 次印刷

787×1092 毫米　开本：1/16　印张：8

字数：200 千字

定价：80.00 元

前　言

　　鄂尔多斯盆地的油气勘探工作始于 20 世纪初，至今已有 100 多年的油气勘探历史。对于整个盆地近十几年的油气勘探，目前已取得了较大的突破。而这些突破主要归功于对盆地地质特征的不断认识和对新的油气勘探理论及勘探技术的应用。油气储层产能评价与预测是油气勘探和开发领域的一项基本任务。对油气储层产能进行正确评价不仅可以检验油气勘探的成果，还可以为油气田开发提供最基本的依据。

　　产能是油气储层动态特征的一个综合指标，它是油气储层生产潜力和各种影响因素之间在互相制约过程中达到的某种动态平衡。目前，对油气储层产能预测有多种方法，概括起来主要有测试法、渗流理论方法、公式法、数理统计方法和地球化学实验分析方法等。目前应用比较多的产能评价方法都是基于数理统计方法而来的，主要是通过优选出与产能密切相关的因素，构建与已知井点实际产能之间复杂的函数关系，以此模式来预测未投产区的产能。该类方法未能从三维空间的层次上研究微相变化、砂体的展布规模与特征对产能的影响，也未能考虑储层三维空间的不确定性和非均质性对产能的影响。针对目前基于单井的产能评价方法的不足，本书开展了基于三维地质模型的产能评价方法研究，不仅考虑了储层的不确定性和非均质性对产能评价的影响，还考虑了与井连通砂体对产能评价的影响，提高了预测精度，降低了开发的风险，研究成果为下一步油田开发规划部署和开发方案设计提供了重要依据。

　　全书分为 7 章，第 1 章主要对主流的产能评价方法进行概述，介绍了基于三维地质模型进行产能预测的技术路线；第 2 章介绍了研究区的地质背景；第 3 章介绍了研究区的主要沉积相类型及其空间展布特征；第 4 章从多个方面对研究区储层的非均质性进行了定量表征；第 5 章采用多种建模方法建立研究区精细三维微相模型，采用相控约束的方法建立三维属性模型；第 6 章是本书的核心内容，介绍了如何基于三维地质模型进行产能评价；第 7 章利用正交试验设计的方法对影响产能的参数进行定量评价，通过直观分析和方差分析得出影响产能的主次因素。

　　本书是由国家自然科学基金面上项目"基于沉积模式的辫状河储层构型建模方法"（41872129）和山西省高等学校科技创新项目"基于三维地质模型的煤层气概率体积法储量计算"（2019L0989）支持的部分研究成果，是长江大学李少华、喻思羽，中国石油长庆油田分公司雷启鸿，山西能源学院包兴共同完成的研究成果。本书第 1 章和第 6 章主要由李少华、包兴执笔，第 2 章和第 3 章主要由雷启鸿、喻思羽执笔，第 4 章、第 5 章和第 7 章主要由包兴、喻思羽、李少华执笔。全书由李少华统稿。在本书的编写过程中，长江大学研究生胡晓玲、谯嘉翼、易爽、戴危艳、潘怡玮和山西能源学院本科生薛泽栋、白嘉乐、张君豪、殷瑜萱、王敏、阴瑶梦等做了大量工作，在此表示感谢。

　　本书对基于三维地质模型的产能评价方法做了一些探索，希望对相关科技工作者有一定借鉴意义。由于水平和时间限制，书中难免有不足之处，望读者不吝赐教！

目　　录

第 1 章　产能评价方法概述

1.1　产能评价研究现状

与国外其他地方相比，鄂尔多斯盆地低孔、低渗透特征突出，导致测井数据出现较多的噪声信号，同时降低识别分辨率，导致更加明显的非均质和非线性等问题。因此，结合测井数据来进行预测产能也是前所未有的挑战。目前，储层产能最可靠的数据由试油和试采资料提供，但是前期成本比较高，并不适合做推广。因此，应把重点放在以测井资料建立定量解释模型上来，但还没有形成很成熟的技术。

低渗透储层成藏机理复杂，对其定量预测的重点在于如何确定含油饱和度，一般用测井解释法确定含油饱和度。1942 年，Archie 提出的 Archie 电法测井公式包含 3 个假设：（1）饱和度与电阻率存在确定且唯一的关系；（2）纯砂岩以粒间孔隙为主，孔隙分布均匀，储集物性好；（3）地层水导电，离子迁移是岩石导电的唯一途径。不过，低孔、低渗透储层不满足上述假设：受滞后效应影响，饱和度与电阻率关系并非唯一，可能与驱替方式有关；储层非均质性很强，存在捕获效应，不是所有地层水都对导电有贡献。为了适应复杂储层饱和度评价，后人又发展了一系列扩展的 Archie 公式，有泥质、骨架和多重孔隙度影响饱和度的模型等。

用原始地层电阻率和冲洗带电阻率对比来体现流体流通性，Cheng 等人建立模型来预测储层产能；用渗透率和含水饱和度来评价油气层产能指数，欧阳健等人建立了预测模型；顾国兴等人[1]构造"岩石可动结构"这一参数，代入渗透率，得到与采油指数的回归关系来预测产能；毛志强等人[2]利用回归方法建立油层、凝析气层产能指数与油、气相有效渗透率的数学关系。由于没有考虑实际开发过程中储层污染等不确定性因素，这些方法得到的产能预测结果并不理想。

产能是表征储层动态特征的综合指标，是储层生产潜力和各种参数在相互影响中达到的某种动态平衡。测井资料得到的主要是储层静态特征，测井预测则是利用静态参数预测动态的油井产能，已经有许多学者着手测井预测这项工作。李周波等人[3]利用人工神经网络技术预测产能，融合了传统的测井解释方法，与常规测井方法优势结合，提高了测井的油气识别预测能力。

产能评价是一种对储层产油能力进行综合性评价的技术，对于油气田的勘探与开发有着极其重要意义，既是提高勘探开发效益的关键环节，又可为开发方案部署与规划提供重要的科学依据。对于中、高渗透油藏，油水渗流基本服从达西渗流定律，产能评价相对简单；而流体在低渗透油藏中的低速渗流状态不符合达西定律，除受到黏滞阻力外，还受到流体与岩石的吸附阻力或水膜的吸引阻力，只有克服这种附加阻力，液体才能流动，对这种具有启动压力现象的低孔、低渗透或特低渗透储层的产能评价就显得困难重重。

目前，有许多学者开始关注产能评价这一难题，并进行了一些研究，已经形成了几种有代表性的方法：

（1）测试法评价产能。包括试井产能评价和电缆地层测试产能评价等方法，可直接获得储层真实的产能，但该法的缺点是应用起来比较烦琐，成本很高，不可能普遍采用。

（2）渗流理论方法评价产能。焦翠华和徐朝晖[4]利用渗流理论方法假设流体渗流遵循达西定律，利用测井资料计算渗流方程中有效厚度、生产压差、油有效渗透率等参数，经验确定原油黏度、原油与岩石体积系数，带入渗流方程求得原油产量。这种方法高效快捷，易于操作，但是只适用于中、高渗透储层，不能适用于低渗透、特低渗透储层（相关的参数计算误差会带来不可接受的误差）。

（3）公式法评价产能。相关学者[5-8]针对低渗透、特低渗透储层的特点，根据渗流理论并考虑启动压力梯度和压力敏感系数进行公式推导，进而计算储层产能。这种方法基于理论计算，计算过程中参数取值非常严格，有时因地质条件或施工条件的影响导致参数取值困难或不准确，影响产能评价精度。

（4）数理统计方法评价产能。例如，多元回归法、神经网络法、灰色理论都可用来进行产能评价。这些方法以分析影响产能的因素为基础，通过各因素与产能关系构建反映产能的特征量，继而由试油结果标定获得评价标准。这些方法受目标区的沉积特征、储层特征、油藏特征和开发方式的影响较大，产能评价的准确性因人而异。

（5）地球化学理论及实验分析方法评价产能。随着对产能预测的深入研究，利用地球化学理论及实验分析手段来预测单井原油产能已成为研究热点，王印等人[9]从讨论影响油层产能的机理和储油岩石热解参数与油层产能参数的内在关系出发，结合达西渗流规律，建立利用热解参数预测单井原油产能的模型；侯连华、黄佑德等人[10-12]建立了录井地球化学热解资料和原油产能关系模版，进而进行产能预测。

综上所述，对于流度大的油藏，油水渗流基本服从达西线性渗流定律，相关的孔隙度、渗透率、含油饱和度等参数及表皮系数比较容易确定，因而产能评价精度较高；而对于低孔、低渗透或特低渗透储层，产能评价或预测尚未找到最适用的方法。本书在筛选产能评价方法的基础上，开展了基于三维地质模型的产能评价新方法研究。

1.2 三维储层建模研究现状

地质统计学科从20世纪六七十年代开始兴起，属于数学地质学科的一个重要组成部分。地质统计学科最初是为了解决矿床普查与勘探、矿山规划到挖掘全部流程中每种储量计算以及偏差预估问题而逐渐兴起的。它的核心是"克里金方法"[13,14]。克里金方法是一种计量方法，其命名来源于南非国家矿藏开采工程师丹尼·克里格（Krige D G），以纪念其使用回归方法对空间场进行预测的开创性研究。这种算法根据样品和待估块段的对应空间位置以及有关程度来计算块段的品位、储量，同时使得估计偏差达到最小。

在丹尼·克里格之后，法国学者 G. 马特隆（Matheron G）教授对此方法进一步研究，其认为丹尼·克里格所提方法的前提是将空间分布考虑在内，然后展开科学而合理的统计，是把以往方法和统计学科相结合的一种全新算法。此外，还解决了具二重型（结构型与随机性）的地质变量的条件下使用统计方法的问题。1962年，G. 马特隆教授[15]提出了区域化变量（Regionalized Variable）这个概念，从此地质统计学建立起来。根据地质统计学这一理论，地质特性能够通过区域化变量空间散布特点进行表示，对其采用的数学工具为变差函数（Variogram）。

1978 年，G. 马特隆教授的学生——美国斯坦福大学儒尔奈耳（Journel A G[16]）教授发表的《Mining Geostatistics》代表了当时地质统计学研究水平，对地质统计学的发展产生巨大的影响。儒尔奈耳教授拓宽了这门学科的应用领域，将其应用在油气勘探开发方面，使地质统计学展现出新的生机。地质统计学有两大核心技术——克里金方法与随机模拟[17,18]。儒尔奈耳在其专著中对随机模拟进行了详细的介绍，他在研究其他地质变量的基础上，认为某些地质变量并不是一成不变的，而是有一定波动的，克里金方法模拟结果比较平滑，不能体现波动噪声。为了将克里金方法模拟结果的噪声体现出来，随机模拟方法应运而生。

储层随机建模这一名词起源于 20 世纪 60 年代后期，其核心是地质统计学，1966 年，Bennion D W[19] 在《Society of Petroleum Engineers Journal》上最先发表了关于随机建模的文章。地质统计学中包含确定性插值算法及随机模拟算法，其中的随机模拟算法在地质建模中的应用一般认为是储层随机建模，其核心仍然是地质统计学。目前，行业基本认为挪威的 Haldorsen H H 博士和美国的 Lake L W 教授在 1984 年共同发表的第一篇油气储层随机建模方面的文章《A new approach to shale management in field-scale models》[20] 是储层随机建模产生的标志。如今，美国斯坦福大学 Jef Caers 教授领导的 SCRF 研究小组及加拿大阿尔伯塔大学 Deutsch C V 教授[21]领导的 CCG 研究小组代表了当今地质统计学发展的方向及水平。

20 世纪 90 年代，国内以裘怿楠教授为代表的学者开始对储层随机建模的应用进行研究[22,23]，极大地推动了储层随机建模技术在中国的应用。中国地质大学的于兴河、中国石油大学的纪发华、熊琦华、吴胜和，西安石油大学的王家华及张团峰，长江大学的张昌民、李少华、尹艳树、李君、包兴等也做了大量的研究工作[24-48]。最近几年，随机建模技术越来越受到重视，在各个油田得到了广泛应用，与随机建模技术有关的论文与专著数量也急剧增加。然而与国外研究相比，中国在一些基础理论和商品化建模软件方面还有较大的差距。

经过多年的发展，地质统计学从传统的两点地质统计学发展到如今的多点地质统计学，其中包含了大量的方法，这些模拟方法便是储层随机建模技术的核心。

（1）两点地质统计学。

两点地质统计学主要包含确定性的克里金插值算法及随机的序贯指示、序贯高斯等模拟算法，主要的工具即变差函数，用来表征空间两点之间的变化性。

①克里金方法。

在空间未采样点对未知变量进行插值的第一种算法即克里金提出的克里金插值算法，该方法是一种最佳线性无偏估计。为了获取未采样点的值，克里金方法不考虑统计数据分布的类型，直接利用采样数据的线性组合。估计方差最小时对应的线性组合的权重即克里金估计所需要的结果。估计方差可以式（1.1）表示：

$$SE = \left[Z(u) - Z^*(u) \right]$$

（1.1）

式中，Z^* 表示位置 u 对应的区域化变量 Z 的估计值。克里金方法的线性估计值根据式（1.2）计算：

$$Z^*(u) - m(u) = \sum_{\alpha=1}^{n} \lambda_\alpha \cdot [Z(u_\alpha) - m(u_\alpha)] \qquad (1.2)$$

式中，$m(u)$ 为未采样点 u 的均值，$\lambda_\alpha(\alpha = 1, \cdots, n)$ 对应采样变量 n 的线性权重。

表征空间变量的变化性的结构函数为变差函数。变差函数可以表征空间任意两点之间的线性关系。这是一种通过周围观测点了解未知点之间相互关系的最简单的方法。变差函数作为克里金插值的最基本工具，公式如下：

$$2\lambda(h) = E\{[Z(u) - Z(u+h)]^2\} \qquad (1.3)$$

图 1.1 为变差函数简单示意图，每一个变差函数通过滞后距 h 的大小及方向来定义。变差函数具有方向性，图 1.1 中左边对应的向量 h 所指定的方向中，不同滞后距对应的纵坐标值即空间变量相距 h 时的相关性，通过该相关性求解对应的克里金方程组即可得到不同已知点对应的权重，最终得到克里金插值结果。

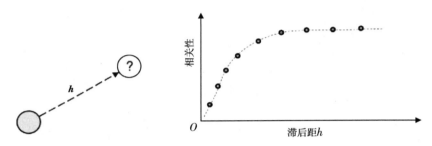

图 1.1　变差函数简单示意图

克里金插值方法主要包含普通克里金（Ordinary Kriging）、简单克里金（Simple Kriging）、泛克里金（Universal Kriging）、协同克里金（Co-Kriging）、对数克里金（Logistic Normal Kriging）、指示克里金（Indicator Kriging）和析取克里金（Disjunctive Kriging）等，Journel A G、Deutsch C V、Goovaerts P 等人[16,21,49]都曾针对这些方法对未知变量进行插值与详细分析。针对这些传统的线性克里金插值方法，之后扩展了多变量地质统计学，如协同克里金方法，需要两个变量进行变差函数的计算，插值时同样需要利用其他变量进行协同插值。例如，在用克里金方法对渗透率进行插值时，由于渗透率与孔隙度存在很强的相关性，可以利用孔隙度作为第二变量对渗透率进行模拟。Doyen P M[50]和 Xu W[51]很早就已经做过协同克里金相关的研究工作。

②随机模拟。

所有的克里金方法通过给定具体的变差函数模型后都能得到一个线性无偏插值结果。克里金方法仅仅提供了一个平滑的、具有代表性的插值结果，而事实上，由于区域化变量的不确定性，仅仅产生一个确定性的模型是远远不够的。因此，针对某一种储层相类型，需要提供不同的模拟结果对储层的属性分布进行分析，这样随机模拟应运而生。

针对克里金方法的平滑效应及克里金插值的人为影响，Matheron G[52]及 Journel A G[53]提出了随机模拟的思想。随机模拟同样通过变差函数对区域化变量进行预测与模拟，但是随机模拟过程能够产生不同的可选的模拟结果。根据 Deutsch C V 与 Journel A G 的总结[21]，克里金插值与序贯模拟的区别如下：克里金插值结果为一个线性无偏估计结果，没有考虑空间区域化变量的空间统计结果。换句话说，克里金方法没有考虑区域化变量的全局，而只考虑了局部的精度，使得模拟结果较平滑；而随机模拟从全局考虑，而不是只考虑局部的精度。

序贯高斯模拟方法及序贯指示模拟方法为两种主要的随机模拟方法。

序贯高斯模拟方法是第一种随机模拟方法，也是针对高斯域变量产生多个模拟实现的一种最简单的方法，主要针对连续性变量进行模拟。直到现在，序贯高斯模拟方法也是最流行的储层属性模拟方法，就是因为这种方法简单、可灵活应用。

克里金插值方法很适合应用于平稳分布现象，能够描述一些主要的几何特征。但是，在极差分布较大的变量中，克里金插值方法会低估高值且过高地看重低值。因此，在模拟非线性变换的现象时，克里金插值方法显得无能为力。1983 年，Jorunel A G[54] 提出的序贯指示模拟方法是第一个用来模拟非线性地质变量的地质统计学工具。

序贯指示模拟是一种基于象元的模拟方法。该方法通过一系列的截断值将给定的数据分为不同的门类，然后通过分析不同类别的变差函数来进行模拟[55]。不同类别的变差函数主要依赖于指示技术，该方法可以整合不同的软数据来进行计算模拟[56]。

序贯指示模拟过程与序贯高斯模拟过程类似，都是顺序模拟随机路径上的节点，然后构建条件概率分布函数，通过累计条件概率分布的蒙特卡洛抽样，得到待估点的所述类型，直到所有节点都被模拟，完成整个模拟过程。

（2）多点模拟方法。

传统的两点地质统计学只是描述空间两点之间的相互关系，且模拟结果无法体现地下储层的复杂形态；基于目标的模拟方法虽然可以在一定程度上再现地下储层的模式，但是参数化与条件化困难。结合两者的优势，产生了多点地质统计学。多点地质统计学不需要进行两点地质统计学的变差函数分析，主要通过对训练图像的扫描得到空间多点之间的空间相关性，能够通过训练图像较好地再现地下储层的三维形态。

多点地质统计学算法的提出始于 20 世纪 90 年代初，2009 年进入商业化领域，发展比较迅速，同时也发展了多种方法。多点模拟方法主要从训练图像中推断空间多个点之间的相关性，从而对实际储层进行预测。训练图像可以是地质学家的认识，也可以是通过某些软件模拟的结果，也可以是某种地质模式等。

多点地质统计学经过 20 多年的发展，已经成为地质统计学研究的核心内容，并开始了商业化应用[57-63]。多点地质统计学既可以更好地重建地质形态，又可以用于连续变量的模拟，显示了强大的功能和发展前景，越来越受到地质学家的重视。但是多点地质统计学各方法中最显著的缺点仍然是计算耗时问题，随着模拟相类型的增多，数据样板尺度的变大，模拟耗时会呈指数增长，如何解决模拟耗时的问题也成为当今研究热点之一。

1.3　神经网络研究现状

1943 年，神经网络概念由美国心理学家 Mcculloch W S 和数学家 Pitts W[64] 提出，并介绍了名为 M-P 的模型，即将神经元等价于功能逻辑机，从此神经网络的理论被发展推广至今。

神经网络的发展可以依据年代和标志事件分成 4 个阶段：20 世纪 50 年代中期之前为发展初期，包括神经网络理论的提出和各种神经元模型和学习规则，1949 年心理学家 Hebb D O 出版《The Organization of Behaviour》一书，提到了神经元连接强度变化规律，后来称作 HEBB 学习法；20 世纪 50 年代初，生理学家 Hodykin 和数学家 Huxley 研究神经膜等效电路提出著名的 Hodykin-Huxley 方程。这些前人的工作为之后的神经网络计算奠定了基础。第二阶段为 20 世纪 50 年代末至 60 年代末，1958 年，Rosenblatt F 等人研制出了具有神经网络识别模式的感知机（Perceptron），标志着神经网络研究进入第二阶段，Rosenblatt F 还证明了一种学习算法的收敛性，这种学习算法通过迭代地改变连接权来使网络执行预期的计算。第三阶段开始的标志是 1969 年 Minsky M 和 Papert S 所著的《Perceptrons》一书的出版。该书对单层神经网络进行了深入分析，并且从数学上证明了这种网络功能有限，甚至不能解决如"异或"这样的简单逻辑运算问题。同时，他们还发现有许多模式是不能用单层网络训练的，而多层网络是否可行还很值得怀疑。由于 Minsky M 在人工智能领域中的巨大威望，他在论著中做出的悲观结论给当时神经网络沿感知机方向的研究泼了一盆冷水。第四阶段为 20 世纪 80 年代末至今，1982 年，美国生物物理学家 Hopfield J J 构建全部互连型神经网络模型，用其定义的计算能量函数，成功地求解了计算复杂度为 NP 完全型的旅行商问题（Travelling Salesman Problem，简称 TSP），开创了神经网络的重要利用价值，使神经网络蓬勃发展到今天[65]。

人工神经网络（ANN）是受到生物学的启发模拟生物的神经构造。大量神经元之间通过十分复杂的连接关系和层次关系构成了一种自适应非线性动态系统。生物的学习系统是由相互连接的神经元组成的异常复杂的网络，这种方式本质上是适应于学习任务的，其中每一个神经元单元有较大数量的输入数据，这些数据通过网络并产生单一的实数值输出。20 世纪 60 年代，Widrow 和 Hoff 首先提出自适应性原件，将神经网络用于自动控制研究。在经过多年的准备与探索之后，神经网络的研究工作已进入了决定性的阶段。日本、美国及西欧各国均制订了有关的研究规划，美国称其为"这是一项比原子弹工程更重要的技术"，美国国家航空航天局（NASA）、美国国防部高级研究计划局（DAPRA）、美国国家科学基金会（NSF）纷纷投入资金加入对神经网络的研究应用，中国在 1986 年开始人工神经网络的研讨会[66-70]。

针对不同的输入数据，人工神经网络提供了相应的解决方法，也就是连续的和离散的属性都能作为输入应用，对噪声数据和离群数据不是很敏感，具有很好的稳健性。反向传播算法是用来训练神经网络的一种很普遍的同时也很简单的方法，其还具有很强的学习能力，同时简单的模型结构使其易于编程实现。

Rumelhart D E 和 Meclelland J L 在 1986 年提出了误差反向传播（Error Back Propagation，BP）网络学习法，BP 神经网络是一种利用误差反向传播训练算法的前馈性网络，解决了 Minsky M 的多层网络的问题。BP 网络不仅含有输入节点和输出节点，还含有一层或多层中间层（隐藏）节点，从输出节点开始，反向地向第一隐含层（即最接近输入层的隐含层）传播由总误差引起的权值修正，输入信号通过输入层向前传递到隐藏节点，经过神经元处理后，把隐藏节点的输出信息传递到输出节点，最后得到输出结果。节点的激发函数一般选用 Sigmoid 函数。BP 算法是一种由单权值改变导致整个网络性能产生改变的较为简单的方法。

BP 神经网络是迄今为止应用最为广泛的神经网络，广泛应用于函数逼近、模式识别、数据挖潜、系统辨识与自动控制等领域[71,72]。

1.4　产能评价存在问题

产能评价存在的问题如下：

（1）方法的精度问题。

目前针对产能研究的方法主要为数理统计的方法，其中多以数据回归的方法为主，都是基于井点上参数转换为二维分布，取目的层段的平均值得到的。这种方式的弊端是转换后的二维分布不能从三维空间的层次上研究岩相变化、砂体的展布特征及储层非均质性对产能的影响。

（2）经济效率问题。

对于单井产能的分析，针对各井本身的差异、每口井的产油层位、砂体的物性以及压裂情况的差异，各井都有其特殊性，为了达到准确性，用各井自身的分析化验资料所预测的产能理论上相对是最精确的。

在已有的各种方法中，测试法通过试井产能评价、电缆地层测试产能评价等方法，可直接获得储层真实的产能，但是该方法工序烦琐，成本太高；地球化学的方法是通过研究油层产能的机理和储油岩石热解参数与油层产能参数的内在关系，结合达西渗流规律，建立利用热解参数预测单井原油产能的模型，利用地球化学的方法进行化验分析所用的时间太长，分析成本太高，不可能用于现场。

本书基于三维地质模型的产能评价方法研究对上述两个主要问题进行了改进，既在精度上达到了比较好的效果，又在经济上节省了人力和物力成本。

1.5　基于地质模型的油气储层产能评价研究内容技术路线

1.5.1　研究内容

基于前人对环江油田长 6 储层的详细地质研究，建立研究区精细的三维地质模型，从三维空间角度，利用井控半径及产层层位控制约束下的参数进行产能预测，并通过试验设计的方法对影响产能的因素进行定量评价。主要研究内容如下：

（1）研究区沉积相分析。

在区域沉积背景分析的基础上，地质人员前期充分利用研究区的岩心资料、测井资料、录井资料和地层对比资料，开展小层沉积微相研究，建立研究区沉积微相模型，刻画沉积相带分布特征和储集砂体展布特征。

（2）建立研究区精细三维地质模型。

储层三维地质模型旨在对储层特征及其非均质性在三维空间上的分布和变化进行综合表征，本书在充分分析研究区域内已有的测井、岩心分析、试油、生产等数据的基础上，采用确定性的建模方法、序贯指示建模方法、多点地质统计学建模方法分别建立研究区岩相模型，在 3 种岩相模型控制约束（相控）下分别建立相应孔隙度、渗透率、含油饱和度、NTG（净毛比）等属性模型，为后续的产能预测提供了精细的地质数据体。

（3）基于三维地质模型的产能评价方法研究。

在研究区精细地质模型的基础上，从三维空间角度，利用井控半径及产层层位控制约束的属性体数据，采用先进的 BP 神经网络技术建立井控层控的平均孔隙度、平均渗透率、平均含油饱和度、NTG、渗透率变异系数、渗透率突进系数和渗透率极差与单井实际产能的预测函数，优选出哪种相控建模方法约束下的哪种井控层控范围的预测产能与生产产能符合情况最好，选择预测精度最高的模式，进而可以预测其他井及未开发区域的产能。

（4）试验设计的方法定量评价产能参数。

综合研究实际情况，认为孔隙度、渗透率、含油饱和度、NTG、渗透率变异系数、渗透率突进系数和渗透率极差 7 个参数影响产能，但未知这些参数对产能影响的主次关系，这里引入了正交试验设计的方法对参数进行评价，定量评价影响产能的各个因素。

产能评价的参数在现有资料条件下难以准确、唯一地确定。参考概率储量的评价方法把每类参数选取悲观值、可能值及乐观值 3 个水平，如果这 7 个参数进行 3 个水平全面试验，需要进行 2187 次试验，但是正交试验设计的方法只需要进行 18 次试验就能反映全面试验的特征，采用正交试验方法能够减少试验的次数，极大地提高了评价效率。

1.5.2　技术路线

在对环江油田长 6 储层地质特征及油藏富集规律的研究基础上，建立工区精细的储层三维地质模型，拟将孔隙度模型、渗透率模型、含油饱和度模型、NTG（净毛比）模型等资料纳入产能评价方法研究中，采用先进的 BP 神经网络技术建立井控层控的参数与单井实际产能的预测函数，并通过试验设计方法对影响产能的各个参数进行定量评价，分析出影响产能的主次关系，探索适合低孔、特低渗透地层的产能评价新方法。具体技术路线如图 1.2 所示。

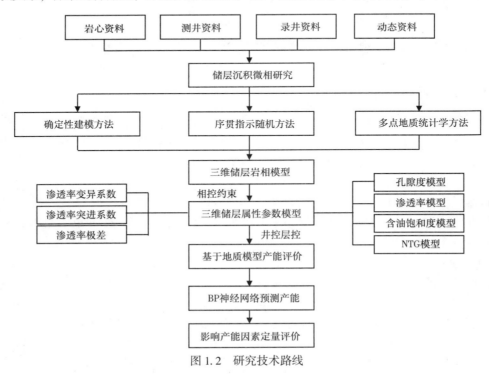

图 1.2　研究技术路线

第 2 章　区域地质背景

研究区位于鄂尔多斯盆地西部环县与姬塬之间的陕甘宁三省交界处，构造上横跨天环坳陷和伊陕斜坡两个大型构造单元。工区范围西抵山城，东到黄米庄科，北邻姬塬，南至郝家涧，面积约 3000km²。环江地区近年来逐渐成为长庆油田油气勘探新目标区。

图 2.1 为鄂尔多斯盆地构造区划图。

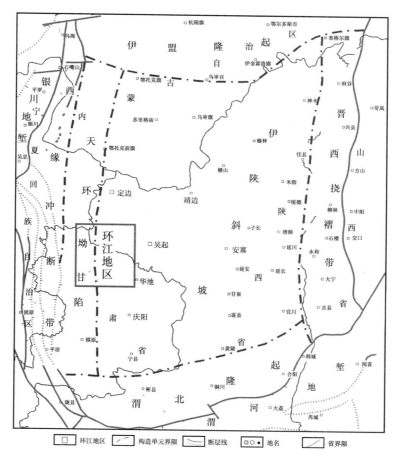

图 2.1　鄂尔多斯盆地构造区划图

2.1　构造特征

鄂尔多斯盆地横跨内蒙古、山西、陕西、宁夏回族自治区和甘肃 5 省区，位于华北地台西部，是一个南北向展布较长、构造稳定的多旋回克拉通盆地[73]。鄂尔多斯盆地东靠吕梁隆起、西邻银川盆地、南抵渭河盆地、北达河套盆地，盆地轮廓呈狭长矩形，面积约

$25 \times 10^4 km^2$。依据其现今的构造形态、基底性质及构造特征，结合盆地的演化历史，盆地可划分为 6 个一级构造单元，分别为伊盟隆起、西缘冲断带、天环坳陷、伊陕斜坡、晋西挠褶带和渭北隆起[74]。盆地边缘构造活动较发育，而盆地内部构造稳定，地层起伏较小，坡降一般小于 10m/km。

伊盟隆起：自古生代以来一直处于相对隆起状态，各时代地层均向隆起方向变薄或尖灭缺失，隆起顶部现在为东西走向的乌兰格尔凸起。新生代河套盆地断陷下沉，将阴山和伊盟隆起分开，形成如今的构造面貌。

西缘冲断带：晚侏罗世挤压冲断活动强烈，形成南、中、北构造特征不同的构造变形带。断裂和局部构造发育，成排成带分布。早白垩世以来分化解体，新生代晚期以来挤压冲断和抬升明显。

天环坳陷：一个长期坳陷带，早古生代时位于贺兰坳拉谷以东，晚侏罗世由于西缘冲断带的推覆和华北东部隆起带的进一步抬升，坳陷逐步就位于现今状态。早白垩世坳陷断续发展，新生代坳陷结构进一步加强，沉降中心逐渐向东偏。受西缘冲断带的影响，沉降带现今具西翼陡、东翼缓的不对称向斜结构。

伊陕斜坡：伊陕斜坡现今构造为一西倾平缓单斜，平均坡降为 8~10m/km，倾角不足 1°，于侏罗纪末燕山运动中期自东向西将其连基底一起掀起。主要形成于早白垩世之后，该斜坡占据了盆地中部的广大地区，以鼻状隆起为主要构造特征。

晋西挠褶带：自晚侏罗世抬升，为陕北区域西倾大单斜的组成部分，后期强烈剥蚀成为今鄂尔多斯盆地的东部边缘，受吕梁山隆升和基底断裂活动的影响，形成南北走向的晋西挠褶带。

渭北隆起：中新元古代和早古生代为一向南倾斜的斜坡。从晚古生代开始隆起，新生代鄂尔多斯盆地的边部解体，南部地区下沉形成汾渭地堑，渭北地区则进一步翘倾抬升，形成现今的构造面貌。

通过大量的前人资料可以得出，延长组形成于晚三叠世，在晚三叠世早期进入湖盆发育阶段。三叠纪时期呈现西翼陡窄、东翼宽缓的不对称南北向矩形，盆地内无二级构造，三级构造以鼻状褶曲为主，不发育背斜构造，幅度较大、圈闭较好的背斜构造发育比较少。

长 10 到长 9 时期，鄂尔多斯盆地延续了晚海西运动之后的平稳构造格局，开始发育湖盆构造；而到长 8 末期以后，鄂尔多斯盆地的南部才开始发生构造运动；在长 7 时期，由于剧烈的印支运动，鄂尔多斯盆地开始进入最活跃的板块碰撞拼接阶段；而到了长 6 至长 4+5 时期，构造运动慢慢减弱，频率也有所下降，湖盆开始进入稳定的沉降阶段。

随着印支运动，延长期的湖泊盆地演化先后经历了初始凹陷阶段、强烈凹陷阶段、回返抬升阶段以及萎缩消亡阶段，因其快速沉降以及慢速充填的特点，完成了从海相到海陆过渡相，再到陆相的转变过程[75]。

在湖泊盆地回返抬升的初期阶段，周边大量的碎屑物开始进行进积式充填，湖泊区域面积慢慢变小，而三角洲沉积体系的延伸区域却变得越来越广[76]。由于此时仍然存在构造运动，因此进积式充填的砂岩以及深湖暗色泥岩在层序地层剖面上呈现出等厚旋回性韵律。

在湖泊盆地演化过程中，长 7 初期的深湖区域面积最大；长 6 时期的深湖区域面积在长 7 时期的基础上开始慢慢缩小；在湖泊盆地区域面积开始整体萎缩的趋势下，长 4+5 时期的湖泊盆地开始出现小区域的湖泛现象；湖泊三角洲的主要建设时期在长 6 时期，鄂尔多斯盆地的下沉速度开始慢慢减小，湖泊盆地面积逐渐缩小，沉降速度小于沉积补偿速度，沉积作用明显增大[77]。

2.2　沉积演化特征

鄂尔多斯盆地的基底以稳定的海相地层为主，由于加里东的构造运动作用，盆地开始慢慢抬升，受到风化、侵蚀作用；而在中生代以及新生代时期，主要表现为台地形式；晚三叠世初期开始从海相到海陆过渡相，再到陆相转变[78]。

在大型内陆克拉通沉积时期以及前陆盆地复合凹陷沉积时期，鄂尔多斯盆地由于受到印支运动的影响，晚三叠世呈现出东北平缓而西南陡峭的整体趋势，具有丰富的物源供应，碎屑成分大多由不同的物源方向搬运而来。盆地的东北部、西北部和西南部以及南部都发育有一些湖泊三角洲，这些三角洲规模比较大，向湖盆方向推进。

在延长组沉积阶段，从长 10 至长 1 时期，盆地由初始凹陷的形成状态，慢慢开始了湖泊盆地的扩张与收缩，沉积地层达数千米。而长 8 至长 1 时期形成的沉积地层，是其勘探开发程度比较高的。长 6 时期在整个盆地的演化过程中是尤为重要的一个阶段，相对于长 7 时期发生了较大的变化，由湖进转变为湖退，湖平面的范围逐渐缩小，开始进入三角洲建设时期，其盆地的沉降速度慢慢减小，随着侵蚀基准面的不断下降，物源区的剥蚀量逐渐增大，因此给三角洲带来了丰富的物源。

而三角洲前缘的沉积砂体也因此开始不断向深湖区域进积[79]。特别是在三角洲的东北部和西北部，以及三角洲的西部、南部和东南部，发育有大量浊积砂岩，且砂体的规模比较大，其中最为发育的便是三角洲前缘的厚层砂岩，主要是砂岩和粉砂岩以及泥岩（图 2.2）。良好的生储盖组合为油气成藏提供了良好的地质条件[80]。

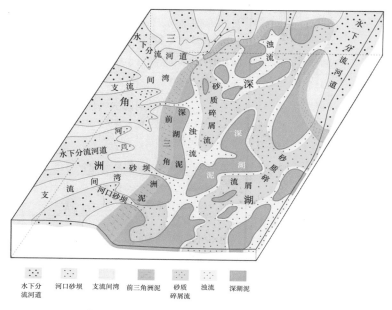

图 2.2　研究区（环江地区长 6）沉积模式图

2.3 地层特征

在研究分析延长组时，前人通过对岩性和电性以及古生物特征的分析判断，把延长组分成 5 段、10 个油层组[81]（表 2.1）。从下而上分别为第一段（T_3y_1），该段包含第 10 油层组（简称长 10）；第二段（T_3y_2），该段包含 2 个油层组，分别为第 9 油层组、第 8 油层组（分别简称长 9 和长 8）；第三段（T_3y_3），该段同时包含 3 个油层组，分别为第 7 油层组、第 6 油层组、第 4+5 油层组（分别简称长 7、长 6 和长 4+5），其中长 6 为本书研究目标区；第四段（T_3y_4），该段包含 2 个油层组，分别为第 3 油层组和第 2 油层组（分别简称长 3 和长 2）；第五段（T_3y_5），该段包含第 1 油层组（简称长 1）[82]。

（1）延长组第一段（T_3y_1）：相对于其他段，该段的厚度变化还是比较稳定的，厚度范围在一般情况下为 250~300m，与长 10 的厚度基本相等。岩性以灰绿色的细粒长石砂岩以及中粒长石砂岩互层为主，其中夹一些浅灰色的粗粒长石砂岩以及暗紫色、深灰色的泥岩。砂岩粒度自下而上慢慢变细，还可以看到麻斑状结构，以及绿泥石、方解石、沸石和云母之间形成的胶结。

表 2.1 鄂尔多斯盆地上三叠统延长组划分简表

地层				油层厚度 m	岩性特征	标志层	湖盆演化史
统	组	段	油层组				
上 三 叠 统	延 长 组	第五段 T_3y_5	长 1	0~240	暗色泥岩、泥质粉砂岩、粉细砂岩不等厚互层夹碳质泥岩及煤线	K9	平缓坳陷湖泊消亡
		第四段 T_3y_4	长 2	125~145	浅灰色、灰绿色块状细砂岩为主夹中粒砂岩及灰色泥岩	K8	稳定坳陷湖盆收缩
						K7	
			长 3	100~110	灰色、深灰色泥岩、砂质泥岩、页岩夹浅灰绿色细砂岩或略等厚互层，局部夹煤线	K6	
	长 6	第三段 T_3y_3	长 4+5₁	30~50	暗色泥岩、碳质泥岩、煤线夹薄层粉—细砂岩	K5	
			长 4+5₂	30~50	浅灰色粉—细砂岩与暗色泥岩互层		
			长 6₁	35~45	深灰色微—细粒钙泥质长石砂岩、岩屑长石砂岩、岩屑砂岩，深灰色、灰色泥质粉砂岩、粉砂岩，灰黑色泥岩互层	K4	
			长 6₂	35~45		K3	
			长 6₃	35~40		K2	
			长 7	80~100	暗色泥岩、碳质泥岩、油页岩夹薄层粉细砂岩	K1	强烈坳陷
		第二段 T_3y_2	长 8	60~90	灰色、深灰色中细粒长石石英砂岩、长石岩屑砂岩与深灰色、暗色泥岩互层		湖盆扩张
			长 9	90~120	灰色中粗粒砂岩夹细砂岩、粉砂岩及泥岩，底部含有细砾岩	K0	初始坳陷湖盆形成
		第一段 T_3y_1	长 10	280~350			

总体而言，延长组第一段（T_3y_1）主要由河流和三角洲，以及部分浅湖相沉积而成，岩性主要为厚层、块状、细至粗粒的长石砂岩；厚度呈现南边厚、北边薄的特点，并且向

北慢慢变薄，一直到缺失；而颗粒呈现南边细、北边粗的特点。自然电位曲线呈现大段的负值，而视电阻率曲线大多情况下呈现高值，并且为指状。该段中，电性特征与岩性特征都表现得较为明显，因此成为地层划分与对比的标志层之一。

（2）延长组第二段（T_3y_2）：通常该段的厚度变化范围为 250~300m，与长 9 和长 8 的厚度之和基本相等。相对于延长组第一段（T_3y_1），该段沉积的范围开始出现大范围的扩大。总体特征呈现西南部较厚，而东北部较薄，并且逐渐变薄直至尖灭的特点；粒度特征则表现为西南部的颗粒较细，东北部的颗粒较粗。

岩性主要表现为湖相的深灰色、黑色泥岩，并沉积有少量的砂岩。顶部主要为砂岩沉积，颗粒相对较粗；底部主要为泥岩、页岩沉积，颗粒相对较细，且这些黑色页岩和油页岩在电阻率曲线上呈现高值变化。而在盆地的南部边缘以及北部边缘区域，这些黑色页岩和油页岩逐渐被砂质泥岩和泥质粉砂岩所取代，因此其高电阻率的电性特征慢慢消失[83]。

（3）延长组第三段（T_3y_3）：该段可分为 3 个油层组，分别为长 7、长 6 和长 4+5。其中，长 6 为本书研究的目的层。一般情况下，该段的厚度变化范围在 300m 左右，与长 7、长 6 以及长 4+5 的厚度之和基本相等。盆地的大部分区域都有所出露，并被保存下来。总体特征仍然呈现南部较厚、北部较薄，向北逐渐变薄，直至尖灭；南部颗粒较细、北部颗粒较粗的特点。

该段表现为砂泥岩互层的特点，主要是灰绿色、灰色细砂岩、粉砂岩和灰黑色、深灰色泥页岩形成互层；在底部则主要表现为泥岩和油页岩，夹少量薄层的凝灰岩。而在盆地的南部和西部，以页岩、泥岩以及碳质泥岩为主，凝灰岩的含量却很少。与延长组第二段（T_3y_2）的底部岩电特征一样，该段底部的碳质泥岩和油页岩的自然伽马值及电阻率值普遍较高，这就是"张家滩页岩"。其为该地区地层划分与对比的主要标志层，砂岩主要分布在中部，含有黄铁矿、方鳞鱼等化石。

（4）延长组第四段（T_3y_4）：在一般情况下，该段的厚度变化范围为 250~300m，与长 3 和长 2 的厚度之和基本相等。盆地的大部分区域都有所出露，并被保存下来；只有在盆地的西南部以及南部边缘位置，因遭受剥蚀而造成缺失。该段中岩性相对单一，且全盆地的岩性也大多相同；岩性以灰绿色、浅灰色中—细粒砂岩为主，夹灰色、深灰色、灰黑色粉砂质泥岩以及页岩，砂岩大多表现为巨厚的状块，具有微细层理等构造，有钙质和泥质胶结形成。

总体特征仍然呈现南部颗粒较细、北部颗粒较粗的特点，且夹层明显增多。底部的砂岩颗粒较细，一般被划分为长 3；而顶部的砂岩粒度较粗，一般被划分为长 2[84]。延长组第四段（T_3y_4）的电性特征比较明显，自然电位值呈负值，表现为指状和箱状；而视电阻率则表现为稀齿状。

（5）延长组第五段（T_3y_5）：该段厚度范围与长 1 基本相等。由于受到后期的剥蚀作用，延长组第五段（T_3y_5）在盆地的西部和南部以及北部都受到不同程度的侵蚀作用，盆地的南部地区尤为严重。

对延长组第五段（T_3y_5）可进行进一步的细分，分成 4 个部分：下部，主要是含有煤的砂泥岩所组成的韵律层，植物化石比较多见，厚度大概在 117m；中部，主要表现为湖相浅灰色中—厚层粉砂、细砂岩，与深灰色粉砂质泥岩、页岩形成互层，并夹少量泥灰岩和薄煤层，介形虫等动物化石比较多见，其厚度在 99m 左右；上部主要是浅灰色块状长石砂岩和含有可采煤的灰绿色、黑灰色粉砂质泥岩以及泥质粉砂岩，其中夹有灰色粉砂岩及细砂岩，厚度在82m左右；顶部，主要是深湖相砂岩和页岩形成互层，同时夹有油页岩，并发现具有水生节肢动物的化石，厚度在88m左右。

2.4　地层的划分与对比结果

通过寻找标志层、判断沉积旋回等方法，前人将研究区长6分为3个砂层组，从上到下依次是长6_1、长6_2和长6_3。再根据等厚对比原则，对比相邻已划分好的井，根据测井曲线形态以及次一级的沉积旋回特点，进一步把长6_1分为2个小层，把长6_2分为2个小层，而将长6_3划分为3个小层（表2.2）。

表2.2　环江地区长6小层划分表

油层组	砂层组	小层	平均厚度，m
长6	长6_1	长6_1^1	21.3
		长6_1^2	20.8
	长6_2	长6_2^1	20.5
		长6_2^2	20.2
	长6_3	长6_3^1	14.5
		长6_3^2	14.0
		长6_3^3	14.4

延长组长6_1^1、长6_1^2、长6_2^1、长6_2^2、长6_3^1、长6_3^2和长6_3^3小层在整个研究区起伏不大，区域地层稳定，厚度横向变化较小，且各个小层的厚度大致相等。无断层发育，无剧烈构造运动，有利于油气的保存。

第3章 沉积相类型、特征及其展布

鄂尔多斯盆地延长组沉积时期主要为湖盆沉积。前人研究表明，研究区在长6沉积时期主要为三角洲沉积，部分区域为深湖，因此也发育一部分浊流沉积，且来自各个不同物源方向的三角洲沉积于此，形成较为宽广连片的三角洲砂体。

在观察岩心资料的前提下，同时参照野外露头的剖面信息，以及综合录井等资料，分析判断沉积岩的颜色和岩石类型以及沉积结构特征和构造特征，包括对其所含古生物化石的判断，通过测井曲线形态特征，作为此次划分沉积相的主要标志；然后综合对比各井之间的沉积相特征，通过单井沉积相—多井剖面相—沉积相平面展布分析，最后总结出长6油层组的沉积相特征以及平面展布特征等。

3.1 沉积相划分标志

相标志即可以反映以前的沉积条件或沉积环境特征的一种标志，也被称作环境成因标志。进行沉积环境或者沉积微相分析以及对岩相古地理的研究，都以此作为前提。在划分沉积相时，主要是根据岩性标志和沉积构造标志以及古生物标志等。

（1）沉积岩的颜色。

观察沉积岩，首先看到的就是其颜色。因此，颜色是观察沉积岩最直接的标志，同时也能反映出其沉积环境。沉积岩的颜色不仅由沉积岩的成分决定，同时还取决于沉积环境。因此，沉积岩的颜色对于沉积环境的判断起决定性的作用。

观察岩心资料可以看出，研究区内长6油层组的砂岩主要为灰绿色、灰色和深灰色以及灰褐色，而泥岩多表现为灰黑色。由于沉积岩中富含碳质及沥青质等有机质，因此可以反映出水下还原环境，整体特征表现为暗色。

（2）岩石类型。

岩石的类型和特征可以反映岩石的生成环境以及水动力条件等。通过对岩心资料的观察可以发现，环江地区长6油层组的岩石类型主要有以下几种：

①含泥砾砂岩（图3.1）：该种岩石的成分主要为砂质颗粒，同时还包含各

图3.1 含泥砾砂岩

种大小不一的泥砾和泥质条带；块状层理构造发育，反映出高能的沉积环境，以水下分支河道的底部较为常见。

②细砂岩：该种岩石成分大多为细—中粒的长石岩屑砂岩，以及细粒的岩屑长石砂岩；磨圆度中等，拥有较好的分选性；平行层理构造和块状层理构造较为发育，反映出中低能的沉积环境，在水下分支河道以及河口沙坝等沉积微相中较为常见。

③粉砂质泥岩与泥岩：多发育水平层理构造以及重力变形层理构造，反映出低能的沉积环境；含植物碎片，该种岩石在浅湖沉积中较为常见。

（3）沉积构造特征。

碎屑岩的沉积构造，尤其是物理成因的原生沉积构造，可以反映沉积物在其形成过程中所具有的水动力条件[85]。同时由于其能反映沉积介质的特征以及能量的强弱程度，且在成岩时期受到的影响较小，因此成为沉积相分析判断的主要标志。

通过观察钻井岩心资料可以发现，环江地区长6油层组的层理类型较为发育。在沉积过程中，最为常见的为交错层理、块状层理和透镜状层理。

①交错层理（图3.2）：最为常见的一种层理，该层理在层系的内部表现为一组倾斜的细层，或者是前积层，相交于层面或者层系界面，因此又被称作斜层理。该层理主要是由沉积介质（如风和水流等）的运动形成的，是高能环境的产物。斜层理倾斜的方向代表介质运动的方向。斜层理彼此之间要么相互平行，要么相互切割，形成各种形态的交错层理。

②块状层理（图3.3）：该层理在细砂岩中最为常见，反映沉积物快速堆积的过程。一般情况下，块状层理的厚度在20cm左右，而最大厚度可达半米。该层理在沉积物供应比较充分以及水动力比较强的水下分支河道中最为常见。

图3.2　交错层理　　　　　　　　　　　　图3.3　块状层理

③透镜状层理（图3.4）：该层理主要形成于水动力比较弱的环境中，在这种沉积背景下，泥的供应和沉积以及保存条件远远优于砂，因此该层理的主要特征为泥质沉积物把透镜状的砂质沉积物包裹起来，可简称为"泥包砂"。这些透镜体一般断续分布，内部大多含有发育比较完好的波痕前积稳层，而实际上，这些都是孤立波痕的产物。

（4）古生物特征。

在三角洲前缘亚相中，即使含有丰富的植物化石，大多也是在搬运的过程中形成的破碎枝干，且这些枝干分布得杂乱无序（图3.5）。

图 3.4　透镜状层理

图 3.5　古生物化石

（5）测井相标志。

在分析判断沉积微相时，自然电位和自然伽马两种测井曲线最为常用。根据曲线的形态、光滑程度和变化的幅度，以及与顶底的接触关系，就能判断沉积物在沉积时所具有的水动力条件，以及是否具有充足的物源供给，并且还可以分析沉积速率的变化与一系列的沉积因素。

在三角洲前缘亚相中，研究区中长 6 油层组的自然电位曲线形态特征主要表现如下：水下分支河道的曲线形态大都呈现为箱形和钟形；河口沙坝的曲线形态大多呈现为漏斗形。

3.2　沉积相类型与特征

3.2.1　沉积相类型

前人通过对研究区取心井岩心的详细观察描述，结合录井、测井资料的综合分析，并充分应用现代测试和分析手段进行综合研究，在研究区识别出 2 种相、2 种亚相和 8 种微相（表 3.1）。

表 3.1　环江地区长 6 沉积相划分表

相	亚相	微相	发育情况
三角洲	三角洲前缘	水下分支河道	很发育
		支流间湾	很发育
		河口坝	不太发育
		水下天然堤	不太发育
		水下分支河道侧缘	发育
湖泊	深湖	深湖泥	发育
		砂质碎屑流	发育
		浊流	发育

3.2.2　沉积相特征

在研究区内识别出两种沉积相——三角洲相和湖泊相。三角洲相中主要发育三角洲前缘亚相，其中以水下分支河道和支流间湾微相为主；湖泊相中则以深湖亚相为主。

3.2.2.1　三角洲前缘亚相

（1）水下分支河道微相。

水下分支河道为陆上分支河道的水下延续部分。沉积物以灰色、深灰色细砂岩为主，含少量粉砂岩，泥质极少。砂体中常具交错层理、波状层理、平行层理及冲刷充填构造，并见有层内变形构造。电测曲线上，自然伽马呈现低值、微齿，自然电位曲线呈箱形（图 3.6）。

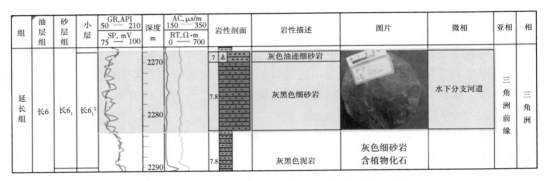

图 3.6　水下分支河道微相测井响应特征（环 17 井）

（2）支流间湾微相。

支流间湾为水下分支河道之间的湖湾地区。以深灰色、灰黑色泥岩为主，含少量粉砂和细砂。具水平层理和透镜状层理，可见浪成波痕及生物介壳和植物残体等，虫孔及生物扰动构造发育。电测曲线上，其自然伽马值一般较高，自然电位曲线平直，电阻率低值（图 3.7）。

组	油层组	砂层组	小层	GR,API 50－200 SP, mV －10－100	深度m	AC, μs/m 170－330 RT, Ω·m 0－90	岩性剖面	岩性描述	图片	微相	亚相	相
延长组	长6	长6₁	长6₁¹		2750		7	细砂岩		水下分支河道	三角洲前缘	三角洲
							7	灰色泥岩		支流间湾		
							7	细砂岩		水下分支河道		

图 3.7　支流间湾微相测井响应特征（罗 136 井）

（3）河口坝微相。

河口坝位于水下分支河道的河口处，沉积物主要由分选较好、砂质较纯的细砂和粉砂组成，成层厚度中—厚层。槽状交错层理较为发育，可见水流波痕和浪成摆动波痕，生物化石稀少。电测曲线上，其自然伽马呈现低值，自然电位曲线呈漏斗形，反映其由下向上变粗的粒度特征，电阻率低值（图 3.8）。

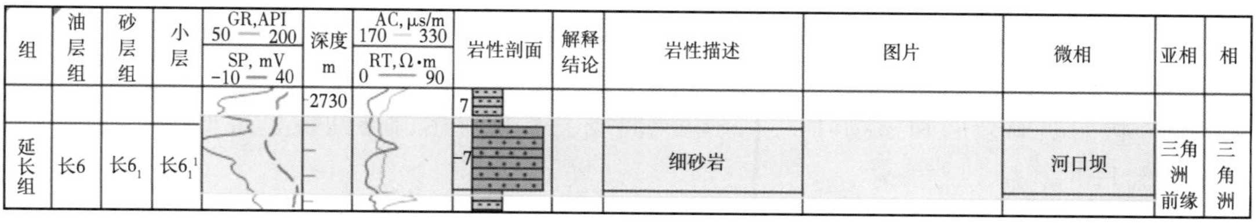

组	油层组	砂层组	小层	GR,API 50—200 SP, mV -10—40	深度 m	AC, μs/m 170—330 RT,Ω·m 0—90	岩性剖面	解释结论	岩性描述	图片	微相	亚相	相
延长组	长6	长6₁	长6₁¹		2730			7 7	细砂岩		河口坝	三角洲前缘	三角洲

图 3.8　河口坝微相测井响应特征（罗 136 井）

（4）水下天然堤微相。

水下天然堤是陆上天然堤的水下延伸部分，是水下分支河道两侧的沙脊，退潮时可部分出露水面成为沙坪。沉积物为极细的砂和粉砂，常具少量的黏土夹层。沉积构造以流水形成的波状层理为主，局部出现流水与波浪共同作用形成的复杂交错层理。此外，还有冲刷—充填构造、虫孔、泥球和包卷层理等（图 3.9）。

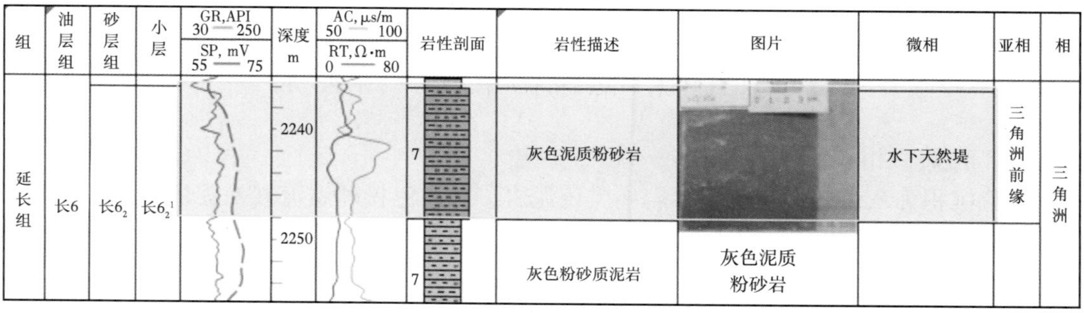

组	油层组	砂层组	小层	GR,API 30—330 SP, mV 55—75	深度 m	AC, μs/m 50—100 RT,Ω·m 0—80	岩性剖面	岩性描述	图片	微相	亚相	相
延长组	长6	长6₂	长6₂¹		2240 2250		7 7	灰色泥质粉砂岩 灰色粉砂质泥岩	灰色泥质粉砂岩	水下天然堤	三角洲前缘	三角洲

图 3.9　水下天然堤微相测井响应特征（环 305 井）

3.2.2.2　深湖亚相

（1）深湖泥微相。

深湖位于浪基面以下水体较深部位，地处缺氧的还原环境，主要由大套的深湖泥组成，深湖泥常为有机质丰富的暗色、深灰色泥岩。电测曲线上，其自然伽马呈现高值，自然电位曲线呈平直状（图 3.10）。

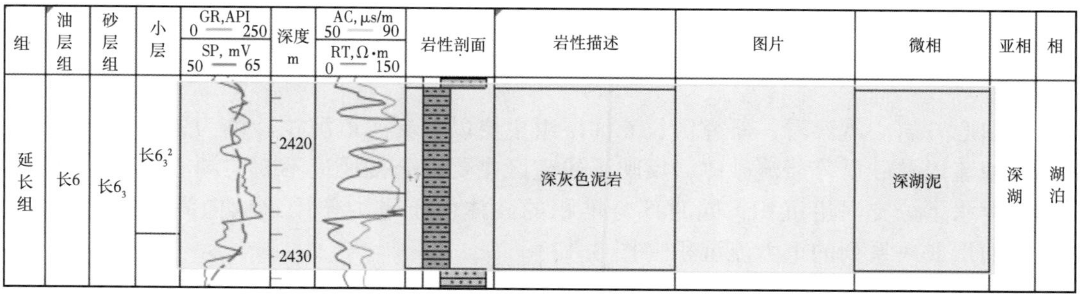

组	油层组	砂层组	小层	GR,API 0—250 SP, mV 50—65	深度 m	AC, μs/m 50—90 RT,Ω·m 50—150	岩性剖面	岩性描述	图片	微相	亚相	相
延长组	长6	长6₃	长6₃²		2420 2430			深灰色泥岩		深湖泥	深湖	湖泊

图 3.10　深湖泥微相测井响应特征（环 302 井）

19

（2）砂质碎屑流微相。

砂质碎屑流沉积由灰色、褐灰色块状细砂岩构成。砂岩厚度均在 0.5m 以上，大多大于 2m。砂岩不发育任何层理，砂质较纯，无粒序变化，层内可见漂浮的泥砾、不规则分布的板条状泥质撕裂屑和植物叶片等。电测曲线上，其自然伽马曲线呈现低值，电阻率低值（图 3.11）。

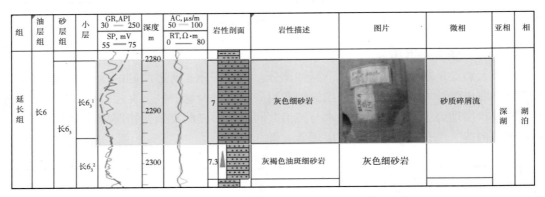

图 3.11　砂质碎屑流微相测井响应特征（环 305 井）

（3）浊流微相。

浊流沉积为灰色、褐灰色细砂岩夹黑色泥岩、灰黑色粉砂质泥岩及泥质粉砂岩。常见的沉积构造如下：粒度递变；底模构造，如槽模、沟模、重荷模及火焰构造等。电测曲线上，自然伽马曲线表现为箱形，低值，自然电位曲线平直，电阻率低值（图 3.12）。

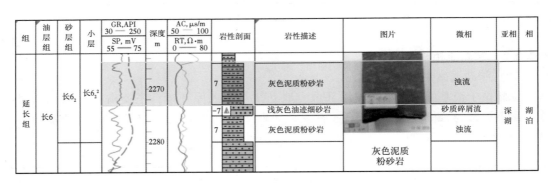

图 3.12　浊流微相测井响应特征（环 305 井）

从取心井岩心观察看，研究区长 6 油层组主要以分支河道沉积砂体为主，部分地区发育深水浊流以及砂质碎屑流砂体，反映了研究区主要以分支河道不断向湖心推近并形成叠置和连片水下分支河道沉积，同时部分堆积的砂体由于重力作用继续向湖泊中心区域滑动，从而形成一系列的重力流沉积（图 3.13）。

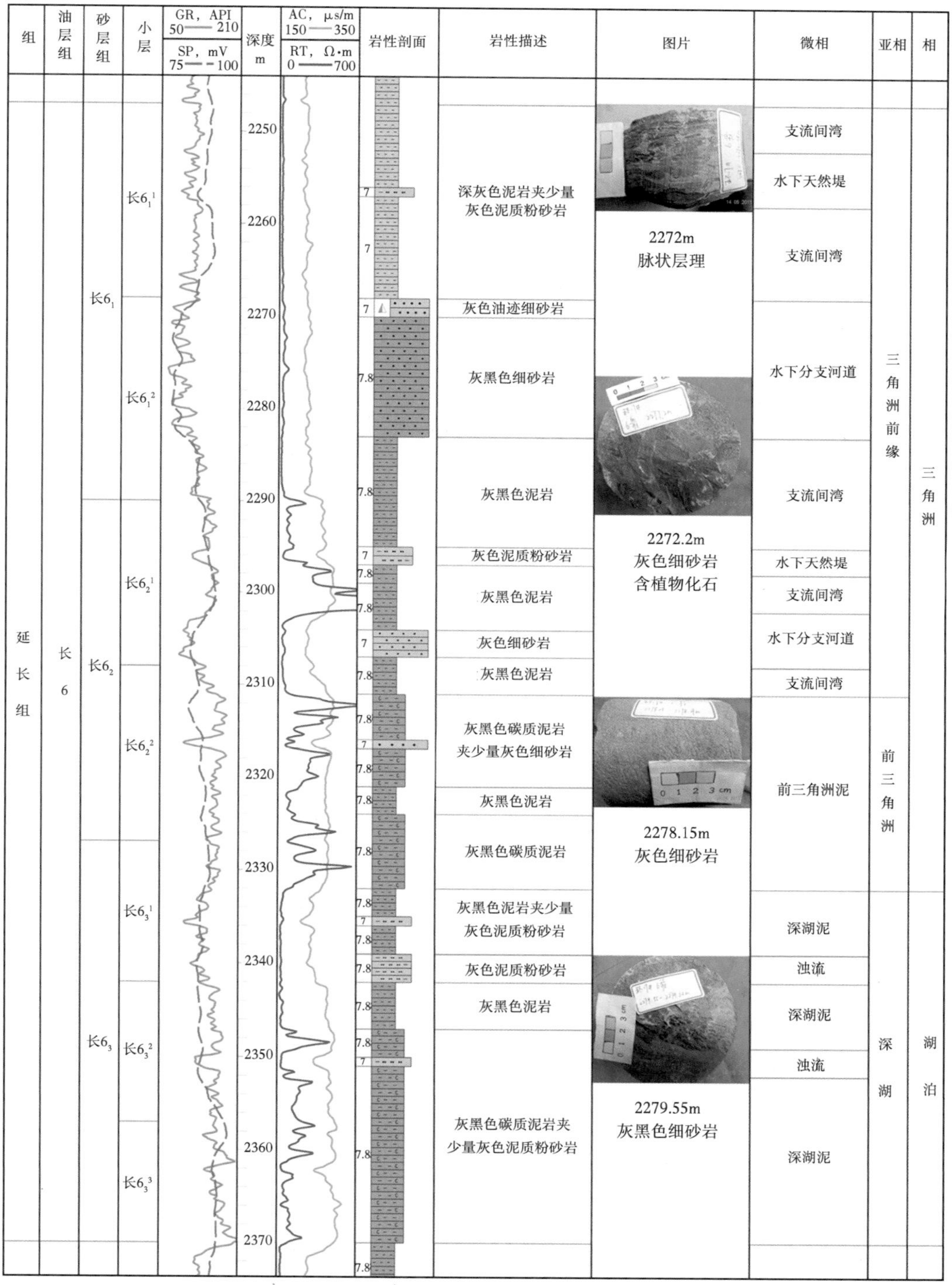

组	油层组	砂层组	小层	GR, API 50—210 / SP, mV 75--100	深度 m	AC, μs/m 150—350 / RT, Ω·m 0—700	岩性剖面	岩性描述	图片	微相	亚相	相
延长组	长6	长6₁	长6₁¹		2250–2260			深灰色泥岩夹少量灰色泥质粉砂岩	2272m 脉状层理	支流间湾 / 水下天然堤 / 支流间湾	三角洲前缘	三角洲
			长6₁²		2270–2290			灰色油迹细砂岩 / 灰黑色细砂岩 / 灰黑色泥岩	2272.2m 灰色细砂岩含植物化石	水下分支河道 / 支流间湾		
		长6₂	长6₂¹		2300–2310			灰色泥质粉砂岩 / 灰黑色泥岩 / 灰色细砂岩 / 灰黑色泥岩		水下天然堤 / 支流间湾 / 水下分支河道 / 支流间湾		
			长6₂²		2320			灰黑色碳质泥岩夹少量灰色细砂岩 / 灰黑色泥岩 / 灰黑色碳质泥岩	2278.15m 灰色细砂岩	前三角洲泥	前三角洲	
		长6₃	长6₃¹		2330–2340			灰黑色泥岩夹少量灰色泥质粉砂岩 / 灰色泥质粉砂岩 / 灰黑色泥岩	2279.55m 灰黑色细砂岩	深湖泥 / 浊流 / 深湖泥 / 浊流	深湖	湖泊
			长6₃² 长6₃³		2350–2370			灰黑色碳质泥岩夹少量灰色泥质粉砂岩		深湖泥		

图 3.13 研究区单井相综合柱状图

21

3.3 沉积相及砂体平面展布

通过单井相分析，对比各井的各小层沉积相，即可在连井剖面上分析沉积相变化。结合砂体厚度图，在平面上进行沉积相的组合分析，确定各小层沉积微相分布。

（1）剖面相展布。

从南北方向连井剖面（图3.14和图3.15）可以看出，研究区主要发育的砂体为水下分支河道沉积，大部分区域为三角洲前缘亚相。其中，靠近西部的剖面单井砂体厚度较大，横向连片性差；而靠近东部的剖面有部分井（如罗225井到白39井）在长6_3沉积时期发育了部分深湖亚相，沉积的砂体主要为砂质碎屑流等重力流沉积（图3.15）。

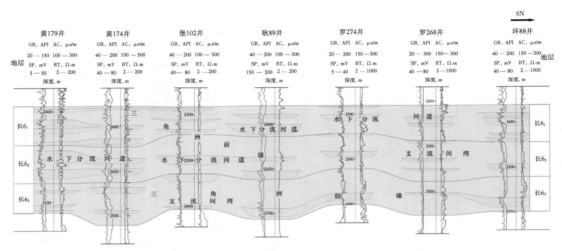

图3.14　研究区黄179井—环88井沉积相连井剖面图

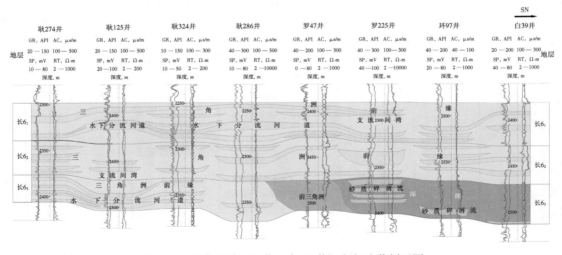

图3.15　研究区耿274井—白39井沉积相连井剖面图

东西方向上的剖面（图3.16和图3.17）显示研究区以发育三角洲前缘亚相为主，长6_3沉积时期东南部分发育了少数的深湖亚相沉积。例如，靠近北部的耿194井进入深湖

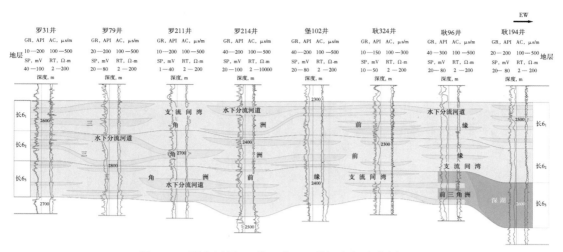

图 3.16　研究区罗 31 井—耿 194 井沉积相连井剖面图

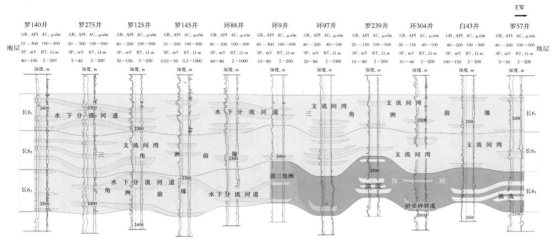

图 3.17　研究区罗 140 井—罗 57 井沉积相连井剖面图

亚相，靠近南部的环 97 井开始向南均进入深湖沉积，整体上靠近北部区域的三角洲前缘亚相砂体叠置连片，横向展布较宽；而靠近南部的剖面单井砂体发育较薄，连片性差。位于深湖区的沉积砂体多为砂质碎屑流和浊流等重力流沉积。

（2）平面相分布与砂体展布特征。

研究区长 6_3—长 6_1 砂体的平面展布受沉积时的古地理面貌、沉积相的时空展布控制，并和整个区域沉积演化作用密切相关，导致不同砂层砂体的平面展布特征不同，各小层的砂体厚度和沉积微相平面展布特征如下：

①长 6_3 沉积相与砂体展布。

受长 7 沉积时期古地理格局的影响，长 6_3 沉积时期研究区以三角洲前缘沉积为主，东南部发育了小规模的深湖沉积，以三角洲前缘水下分支河道为骨架相（图 3.18）。从砂体厚度等值线图（图 3.19）中可以看出，总体上该砂层组的砂体呈南厚北薄的特点。其

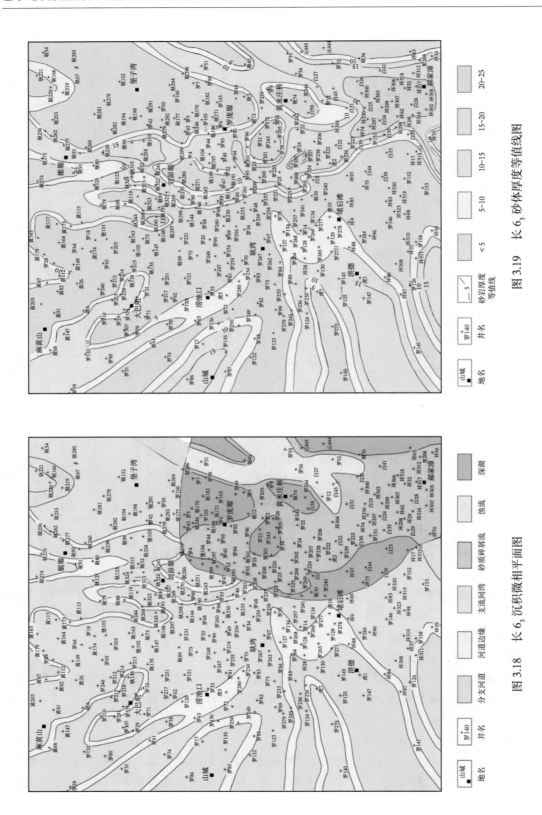

图 3.19　长 6_3 砂体厚度等值线图

图 3.18　长 6_3 沉积微相平面图

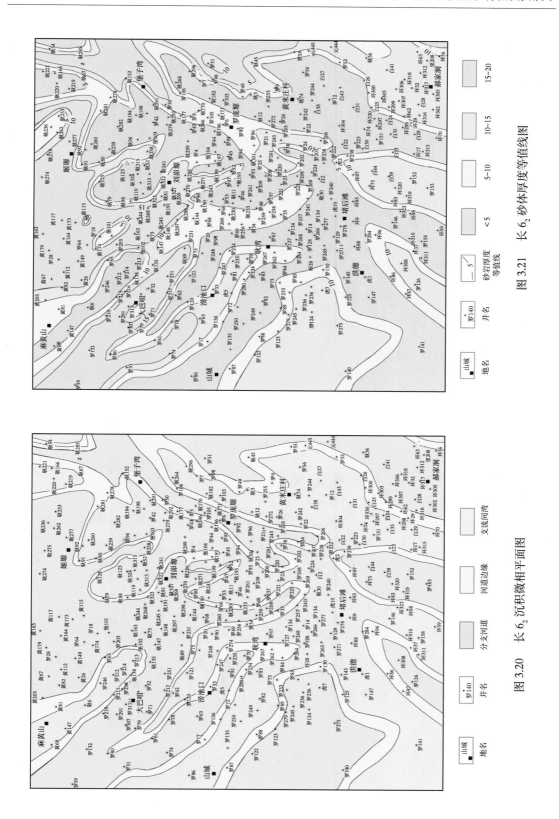

图 3.21 长 6₂ 砂体厚度等值线图

图 3.20 长 6₂ 沉积微相平面图

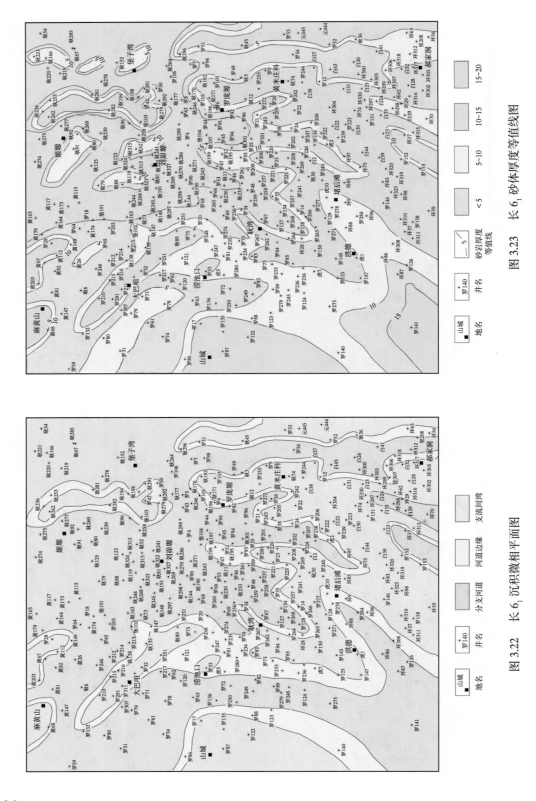

图 3.23 长 6$_1$ 砂体厚度等值线图

图 3.22 长 6$_1$ 沉积微相平面图

中，西边位于洪德、堵后滩区域这支砂体最为发育，砂体厚度较大，呈条带状展布，支流间湾微相砂体厚度均小于 5m。东南部为深湖沉积，其中砂体主要为砂质碎屑流沉积；东部砂质碎屑流砂带内厚度普遍超过 6m，最厚处达 14m。长 6_3 沉积相砂带规模相对较大，也是该区一个比较重要的储层类型。

②长 6_2 沉积相与砂体展布。

受整个工区湖退的影响，相较于长 6_3 沉积时期，长 6_2 沉积时期研究区全部为三角洲前缘亚相（图 3.20），主要发育了水下分支河道和支流间湾微相，北部和西部的三角洲前缘向南推移。从砂体厚度等值线图看（图 3.21），总体上该砂层组的砂体呈北厚南薄的特点。北部以分支河道砂占据主体，而西部的三角洲也继续向东缓慢推进，从而西部和北部河道面积较大，砂体厚度在 10~15m，砂体大面积发育，连片性较好。

③长 6_1 沉积相与砂体展布。

进入长 6_1 沉积时期，北部的三角洲前缘相面积增大，且各分支河道逐渐会聚，形成一个大范围的河道砂分布（图 3.22）。北部的分支河道砂则在包括姬塬、堡子湾等处发育厚层砂岩，东北部砂体沉积最厚，达 15~20m（图 3.23）。北部和西部的河道砂体继续向南推移，最后会聚在一起，形成大面积的河道砂沉积，支流间湾面积减小，砂体厚度也多在 5m 以下。

第 4 章　储层非均质性特征

对储层特征进行从宏观到微观的全面刻画是储层综合评价与表征的重要基础和必备前提。储层特征包括基本特征及宏观到微观孔喉、储层非均质性等多项内容。其中，对砂岩储层基本特征的描述主要从储层的碎屑组分及填隙物组成特征、物性特征入手；而储层非均质性研究内容主要包括层内、层间及平面等宏观非均质性，以及微观孔喉等特征。明晰储层特征对合理分类评价储层，进而寻找有利建产区意义重大。

4.1　储层非均质性

储层宏观非均质性研究主要是描述岩性、物性、含油性及砂体连通程度在纵横方向上的变化。宏观非均质性主要表现在 3 个方面——层内非均质性、层间非均质性和平面非均质性。

4.1.1　层内非均质性

层内非均质性是指在一个单砂层规模内部、垂向上控制和影响储层内流动、分布的地质因素等内容。层内非均质性主要研究各类砂体、单砂体内参数的变异程度，其中最主要的是层内最高渗透率段所处的位置以及变异程度。这里选用粒度韵律特征、渗透率非均质程度、泥质夹层的分布频率和分布密度等参数来表征层内非均质性特征。它是直接影响和控制单砂体层内水淹厚度波及系数的关键地质因素，层内非均质性是生产中引起层内矛盾的内在原因。

韵律性的存在通常与水动力的强弱以及所处的不同沉积相带相关。通过对研究区岩心观察并结合测井曲线特征分析，发现研究区长 6 油层组内可见完整的沉积旋回，对应长 6_1—长 6_3 三个砂层段，电测曲线上呈现箱状或钟状—箱状组合特征。此外，每个沉积旋回内部发育较多小的韵律层，这些都导致很强的层内非均质性。每个小层内部的单韵律层的砂体组合方式以正、反韵律交替类型为主，总体来说，砂层内部韵律以正韵律为主，砂岩储层为多韵律层复合叠加形成的大段砂层，层内非均质性突出。

（1）反韵律层：表现为渗透率向上逐渐增大，高孔、高渗透段分布于砂体顶部（图 4.1），其特征与正韵律相反，这种层在注水开发过程中注水波及体积最大。相对于正韵律，该区的反韵律型的情况相对较少。多数反韵律砂体只是复合韵律砂体的一部分，非均质性相对较弱。

（2）复合韵律层：在研究区最为常见，多为复合正韵律形式，为多次河道叠置结果。也可见反正韵律及正反韵律等多种形式，反映了河道水动力逐渐增强后减弱或者逐渐减弱后增强（图 4.2）。

28

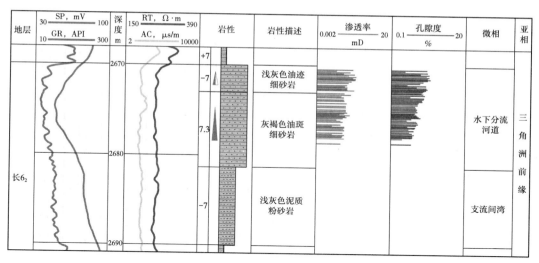

图 4.1　渗透率反韵律特征

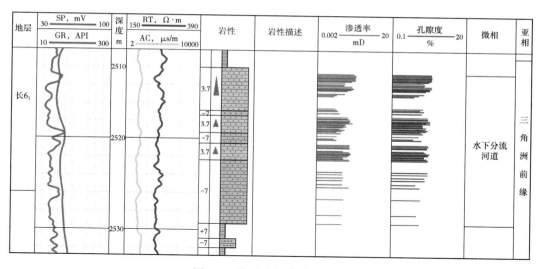

图 4.2　渗透率复合韵律特征

受沉积相约束，孔隙度、渗透率在河道中心部位较高，在河道边缘及支流间湾处较低。长 6 油层组孔隙度主要分布在 7%~18.84%，渗透率主要分布在 0.06~5.88mD（表 4.1）。

表 4.1　环江地区长 6 储层各小层孔隙度和渗透率统计表

层位	孔隙度，%			渗透率，mD		
	最小值	最大值	平均值	最小值	最大值	平均值
长 6_1	7.1	18.84	10.32	0.07	5.88	0.26
长 6_2	7.0	15.59	9.43	0.06	4.11	0.21
长 6_3	7.2	13.51	9.09	0.07	3.28	0.16

当计算研究区各砂层内渗透率在纵向上的差异程度时，选取渗透率变异系数、突进系数和极差作为评价参数。渗透率在纵向上的均匀程度可通过其最大值、最小值及加权平均值的关系换算求取变异系数（V_k）、突进系数（T_k）、绝对幅度极差（J_k）等参数来反映。一般注入储层内的液体更倾向于沿最高渗透率方向突进，而避开小孔细喉，导致驱油效果差。变异系数能反映每个样品渗透率与整个研究区整体平均渗透率偏离的程度；突进系数表征某一井段渗透率最大值与其平均值的比值，其值变化范围为 [1，∞]；单井某层层内均质性的绝对幅度极差是渗透率最大值与最小值之比。上述 3 个参数的值越大，表明储层层内非均质性越强。参照中国砂岩储层非均质性程度以渗透率为核心的分级标准（表 4.2），将各层的渗透率进行统计计算，获得渗透率变异系数、突进系数和极差，对层间非均质性进行评价。对研究区内 78 口探井及开发井的 3466 块样品的渗透率数据进行统计，得到环江地区长 6 储层各层的渗透率非均质参数。表 4.3 中列出了部分井位在小层上的变异系数、突进系数、极差和劳伦兹系数。

表 4.2　环江地区长 6 储层渗透率非均质性类型标准

项目	变异系数	突进系数	极差
层内渗透率非均质性程度较弱	<0.5	<2	<6
层内渗透率非均质性程度中等	0.5~0.7	2~3	6~10
层内渗透率非均质性程度强	>0.7	>3	>10

表 4.3　环江地区长 6 储层部分井渗透率参数层内非均质性统计表

井位	层位	变异系数	突进系数	极差	劳伦兹系数
耿 89 井	长 6_1	0.54	1.86	5.23	0.65
	长 6_2	0.57	1.98	3.36	0.46
	长 6_3	1.85	9.04	27.30	0.17
堡 102 井	长 6_1	2.38	14.82	247.33	0.54
	长 6_2	0.86	4.02	63.82	0.55
	长 6_3	0.35	1.87	2.64	0.57
罗 67 井	长 6_1	0.48	1.79	18.00	0.27
	长 6_2	0.83	1.83	10.48	0.41
	长 6_3	0.50	1.85	3.00	0.25
罗 94 井	长 6_1	0.91	2.96	9.73	0.43
	长 6_2	0.45	2.01	22.20	0.25
	长 6_3	0.51	2.69	21.20	0.25

环江地区长 6 储层各层长 6_1、长 6_2 以及长 6_3 的变异系数都集中分布在 0.5 附近（图 4.3），说明了研究区非均质性较强。对变异系数取平均值，长 6_2 层位相对最小。

利用劳伦兹系数进行非均质性表征较好地验证和补充了传统方法分析的结果。该方法

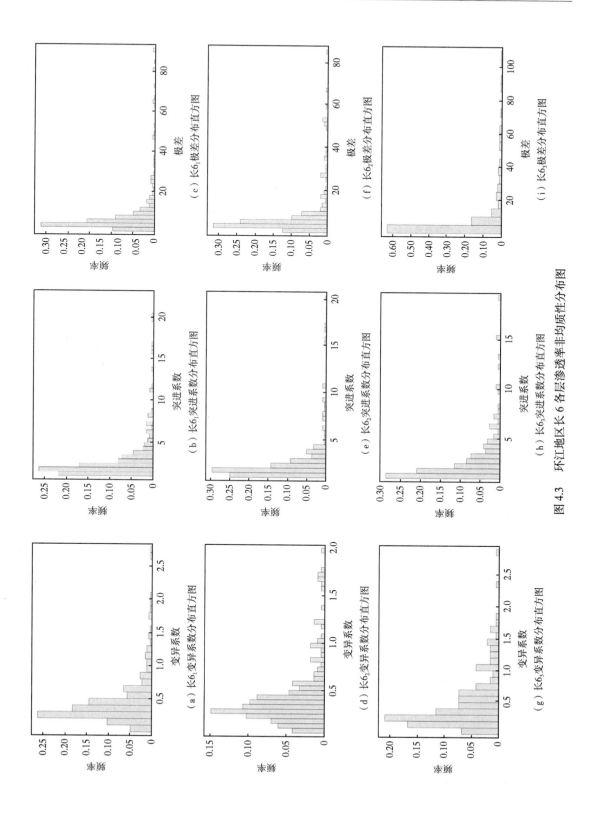

图 4.3 环江地区长 6 各层渗透率非均质性分布图

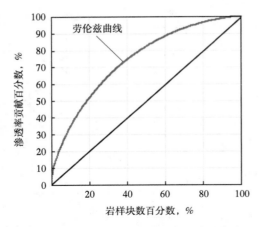

图 4.4　环江地区长 6_3 渗透率劳伦兹曲线

是将岩心或测井所测得的渗透率数值从大到小排成一列，分别计算相应的渗透率贡献百分数和其对应的岩样块数百分数或厚度百分数，在直角坐标系上绘制成劳伦兹曲线。劳伦兹系数法适用性广泛且直观易懂，因而受到广泛推崇，作为检验和补充常规的非均质性表征方法是比较认可的。

劳伦兹曲线与线段 AC 包含的面积 ADCA 与三角形面积 ABCA 之比称为劳伦兹系数，范围在 0~1 之间，劳伦兹系数为 0 时表示完全均质，劳伦兹系数为 1 时表示完全非均质。由渗透率劳伦兹曲线(图 4.4 至图 4.6)可知，长 6_3 的劳伦兹系数最小。综合分析，可知长 6_1 的非均质性最强，长 6_2 和长 6_3 相对较弱。

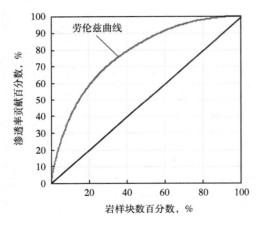

图 4.5　环江地区长 6_2 渗透率劳伦兹曲线

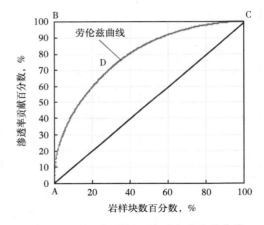

图 4.6　环江地区长 6_1 渗透率劳伦兹曲线

　　总结各层的渗透率差异程度（表 4.4），可见研究区长 6 油层组 3 个砂层组内总体非均质性中等—强，其中长 6_1 表现为最强，长 6_2 和长 6_3 稍弱，这主要是由沉积环境控制的，也可能受成岩作用的影响。长 6_1 和长 6_2 为三角洲前缘亚相沉积，而长 6_3 部分属于深湖亚相，从而导致砂体发育特征有所区别。

表 4.4　层内非均质性统计表

层位	变异系数	突进系数	极差	劳伦兹系数
长 6_1	0.85	4.02	53.61	0.57
长 6_2	0.61	3.15	28.01	0.55
长 6_3	0.79	5.17	38.46	0.49

4.1.2 层间非均质性

不同成因、不同性质的储层砂体和非储层夹层按一定规律叠置，造成了储层的层间非均质性。层间非均质性是对同一沉积单元砂泥岩间的含油层系的总体研究。具体地说，它是指砂体之间的差异，包括层系的旋回性，砂体的垂向连通性和侧向连续性，砂体间渗透率的非均质程度，泥岩的分布与厚度以及层间裂缝特征等。层间非均质性对油水界面的差异及油水系统的分布构成重要的影响，并最终控制砂层的充满度。在注水开发过程中，层间非均质性是引起层间干扰、单层突进和水驱差异的内在因素。储层层间非均质性的主要研究内容包括储层的沉积层序特征，各类非均质参数（如分层系数、隔层厚度及各层渗透率）差异程度的对比等。

（1）储层沉积层序特征。

研究区长 6 油层组主要发育三角洲—湖泊相沉积，具有典型陆相湖盆沉积储层的特点，表现为砂层层数多、厚度较薄、横向变化快及连通性差的砂体分布特点，层间矛盾尤为突出。研究区目标层段主要为三角洲—湖泊相沉积，形成过程受到湖平面反复升降波动的影响，形成多级次旋回叠置的沉积特点。受水动力影响，岩石粒度从细粒泥岩到粗粒砂岩再到细粒泥岩变化，从而最终影响纵向上不同层储层物性特征（如孔隙度和渗透率）。

（2）层间渗透率的非均质性。

各砂层间的渗透率的非均质程度可以通过对比各层的渗透率变异系数、突进系数和极差来衡量。计算研究区长 6 油层组各砂层渗透率的差异时，选取了变异系数、突进系数和极差等作为评价参数。结果（图 4.7 至图 4.10）表明，研究区长 6 油层组各砂层变异系数均大于 0.6，其中长 6_2 的变异系数达到 0.61，具有一定的非均质性特征，长 6_1 的变异系数为 0.85，长 6_3 的变异系数为 0.79，这主要是因为长 6_3 工区范围内有一定范围的湖相沉积，

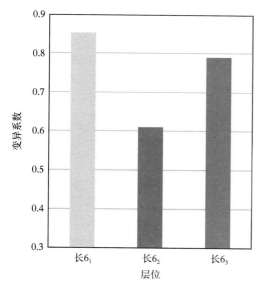

图 4.7 层内渗透率变异系数

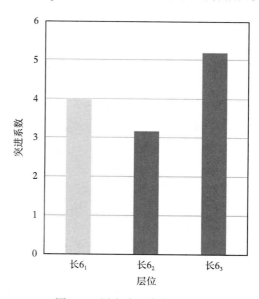

图 4.8 层内渗透率突进系数

与陆缘碎屑携带而来形成的三角洲沉积形成鲜明对比，造成表征非均质性的参数变异系数相对较大。

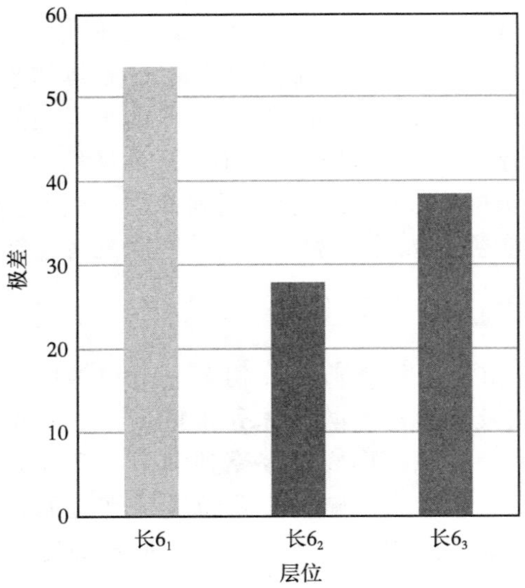

图 4.9　层内渗透率极差

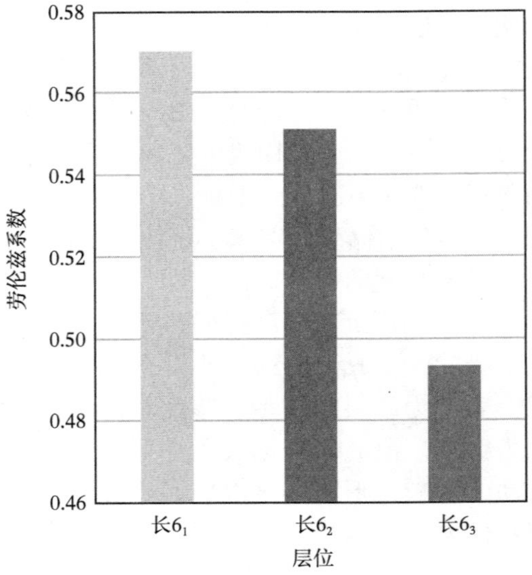

图 4.10　层内渗透率劳伦兹系数

（3）砂体的发育与分布。

由于沉积旋回性和沉积相变的影响，各种沉积环境的砂体在旋回上交互出现韵律性和规律性，作为隔层的泥岩分布也具有一定的分布规律，也就是砂体发育具有一定的差异性。研究分别统计了长 6 油层组各层的分层系数、砂岩密度和砂体钻遇率等参数，研究砂体的发育与分布。

①分层系数。

分层系数是指平均单井钻遇砂层层数，即工区内钻遇砂体的总数与所有钻遇砂体的井数的比值。平面上同一层系内的砂层层数会发生变化，分层系数常用平均单井钻遇砂层层数来表示。在砂岩总厚度一定时，分层系数越大，层间非均质性越严重。根据对工区 3 个砂层组的统计（图 4.11）得知：长 6_1、长 6_2 和长 6_3 三个砂层组的分层系数分别为 4.34、4.56 和 4.04。由此可见，长 6_2 分层系数大于长 6_1 和长 6_3，因此长 6_2 表现出较强的非均质性。

②砂岩密度。

砂岩密度即砂岩系数，是指垂向剖面上砂岩总厚度占地层总厚度的百分比，相当于砂地比。砂岩密度越大，层间非均质性越严重。根据对工区 3 个砂层组的统计（图 4.12）得知：长 6_1 砂层组砂体厚度在 42.32m 左右，砂岩密度为 0.343；长 6_2 砂层组砂体厚度主要集中在 40.87m 左右，砂岩密度为 0.367；长 6_3 砂层组砂体平均厚度在 43.15m 左右，砂岩密度为 0.339。长 6_2 砂层组砂岩密度大于长 6_1 及长 6_3 两个砂层组，因此长 6_2 表现出较强的非均质性，生产能力将被干扰而不能充分发挥作用。

③砂体钻遇率。

砂体的发育和分布也可以通过砂体钻遇率来表征。砂体钻遇率是指钻遇砂体井数占总井

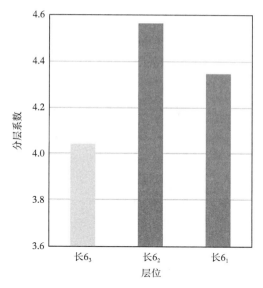

图 4.11 各砂层组分层系数统计图 图 4.12 各砂层组砂岩密度统计图

数的百分率。砂体钻遇率反映了砂体发育程度。从钻井获得砂体钻遇率统计（图 4.13）看，长 6 油层组中，长 6_1^1 小层的砂体钻遇率最高，为 0.73，反映相对优势砂体发育层位。而长 6_3^3 小层砂体钻遇率最低，为 0.37。由此可见，长 6 不同小层砂体发育存在明显差异。

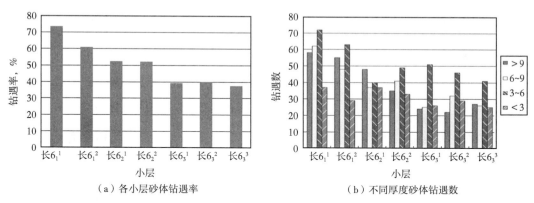

（a）各小层砂体钻遇率　　　（b）不同厚度砂体钻遇数

图 4.13 小层砂体钻遇率及各小层钻遇砂体厚度分布频率图

（4）隔层发育特征。

各层隔层的发育程度差异也从另一方面表征了层间非均质性的强弱。由于长 6 油层组 3 个砂层组沉积环境有所差别，造成各砂层组在泥岩的保存程度上也不同。统计各小层隔层厚度（图 4.14）可以看出，长 6_1 和长 6_3 砂层组隔层平均厚度为 27~29m，而长 6_2 砂层组隔层平均厚度较小，不超过 26m。这反映了研究区强水动力沉积，泥岩保存程度相对较差。而长 6_1 砂层组多发育为支流间湾，因此泥岩含量较高；长 6_3 沉积时期发育了三角洲前缘和深湖沉积，水动力强度减弱，泥岩保存程度相对较好。

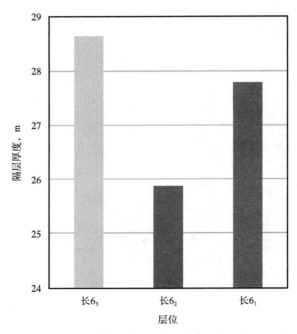

图 4.14　各砂层组隔层厚度平均值分布图

4.1.3　平面非均质性

储层平面非均质性即储层特征在平面上的变化情况，其取决于储层砂体在平面上的几何形态、规模、连续性、连通性以及平面上孔隙度和渗透率非均质程度和方向性。平面非均质性直接影响开发过程中注入水的波及面积和波及效率以及剩余油的分布。总体来说，储层平面非均质性的研究是对平面砂体几何形态、砂体内孔隙度、渗透率的平面变化及渗透率非均质程度在平面上的表现等方面的研究。

（1）平面砂体几何形态。

砂体几何形态是砂体各向大小的相对反映，砂体几何形态的地质描述一般以长宽比进行分类，主要有席状砂体、土豆状砂体、带状砂体、鞋带状砂体和不规则状砂体。不同沉积时期发育的砂体形态不一致，主要表现如下：长 6_3 沉积时期砂体主要呈条带状分布，局部呈不规则状；长 6_2 沉积时期砂体开始有局部连片分布的情况，但垂向叠置的厚度并不太大；而到了长 6_1 沉积时期，砂体则从北向南呈大范围连片分布，砂体垂向厚度也逐渐增大。

（2）平面物性分布特征。

孔隙度的大小直接决定岩层储存油气的数量，渗透性的好坏则控制储层内所含油气的产能。因此，岩石的孔隙度和渗透率是反映岩石储存流体和运输流体能力的重要参数。二者的分布受沉积相带的影响，也受后期成岩作用的影响。对平面展布进行研究可以更好地认识平面非均质性。

本书研究根据每口井的测井资料，对储层各参数进行统计分析，得到反映储层特征在平面变化的参数图，即孔隙度、渗透率的平面等值线图，可以很好地表征其平面变化规律。

长 6_3 砂层：长 6_3 砂层孔隙度平均值为 9.09%，渗透率平均值为 0.1mD。长 6_3 砂层孔隙度分布比较连续，渗透率变化范围主要集中在 0.1~0.5mD，孔隙度高值多分布于水下分支河道砂内部以及浊流、砂质碎屑流等砂体内部，平均孔隙度在 7% 以上，靠近河道边缘的砂体孔隙度大多低于 7%。该小层渗透率普遍较小，水下分支河道中心部位渗透率变化范围在 0.3~0.5mD，靠近河道边缘位置渗透率变化范围在 0.1~0.3mD，仅在湖相区内发育的砂质碎屑流砂体内的渗透率超过 0.5mD，极少数位置渗透率超过 0.5mD。

长 6_2 砂层：长 6_2 砂层孔隙度平均值为 9.43%，渗透率平均值为 0.2mD。孔隙度分布受河道控制明显，顺河道方向发育条带状或分支状高值区域，高值区孔隙度整体在 11% 以上。渗透率的高值分布范围与孔隙度较一致，位于水下分支河道砂体内部。

长 6_1 砂层：长 6_1 砂层孔隙度平均值为 10.32%，渗透率平均值为 0.2mD。孔隙度高值区主要集中在北部及中部，北部沿 H179 井—H117 井—H115 井一线呈条带状分布，中部沿 G297—G286—G299 一线。工区整体孔隙度值分布在 7%~9%。渗透率高值区域主要分布在工区东北部，沿 G281 井—G194 井—G291 井—L106 井一线分布，高值一般在 0.7mD 左右，另有 G297 井、G299 井和 L45 井等零星分布的高值区。

（3）渗透率变异系数平面分布。

利用插值计算环江地区长 6 油层组各层的平面层内变异系数。图 4.15 至图 4.17 分别为环江地区长 6_3、长 6_2 和长 6_1 层内变异系数分布图。从图中可以看出，长 6 储层非均质性较强部位分布于长 6_3 的东部及南部（黄米庄科、刘峁塬）、长 6_2 的西部及西北部（大巴咀、山城）和长 6_1 的北部（山城到刘峁塬一带）。

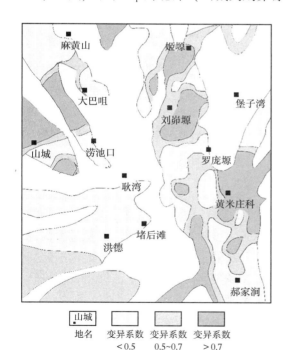

图 4.15　环江地区长 6_3 层内变异系数分布图

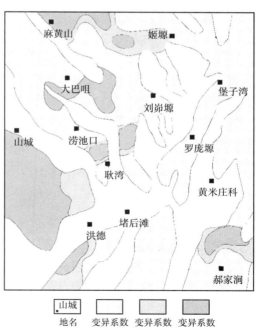

图 4.16　环江地区长 6_2 层内变异系数分布图

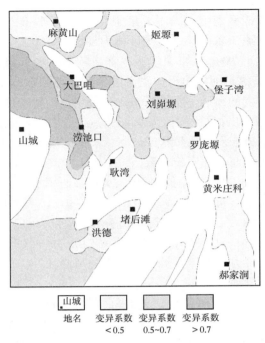

图 4.17 环江地区长 6_1 层内变异系数分布图

4.2 储层综合评价

本书研究对储层进行综合评价的目的是对低渗透储层开发潜能进行评价，而表示储层开发潜能的指标常常有地质储量、采收率、产能及产能递减率等。研究选用产能指数作为评价目的，因此，针对环江地区地质条件复杂和非均质性强的特点，主要在对研究区油水分布特点总结的基础上考虑了沉积因素、成岩后生作用以及物性特征等几个方面对储层进行综合评价。

4.2.1 油水分布特点和分布规律

油藏的形成与烃类生成、运移、聚集、圈闭和保存等因素密切相关，勘探实践证明，鄂尔多斯盆地延长组为岩性油藏。鄂尔多斯盆地属于大型内陆湖盆沉积，沉积过程深湖—半深湖的湖相环境提供了良好的油源条件，三角洲前缘的水下分支河道砂体提供了储集条件，加之平缓的单斜构造背景形成了岩性油藏的重要条件。研究对长 6 油层组各层进行了油藏特征分析，为后续储层评价及产能预测奠定了基础。

（1）油藏剖面特征。

通过研究区钻井、测井和试油等综合解释资料，识别出大量的油层、油水层、差油层、干层及水层。为了更好地揭示研究区在垂向上的含油气性和油层展布特征，搭建了工区骨架井的油藏剖面，以了解纵向上油水分布情况。从工区东南端的 H315 井—B41 井剖面以及工区北边的 H179 井—G258 井剖面可以看出，受岩性和物性等因素影响，研究区各层位油水分布并不均匀，没有统一的油水界面。从油藏分布特征看，在工区南端长 6_3 砂层组油层相对较为发育，而在北端则主要是长 6_1 砂层组和长 6_2 砂层组富含油。水层仅在部分含油层的底端有少量分布。表明研究区油水分布受构造因素影响小，而主要受储层岩性及物性影响，为较为典型的岩性油藏。

（2）油层厚度的平面分布规律。

在剖面对比含油层之后，统计了各小层的含油层厚度，进行了油层厚度平面展布图研究。

从长 6_3 砂层组的油层厚度等值线图来看，主要的油层集中在工区的东北部、西南部和东南部，其中以东南部的油层厚度最厚，均在 10~20m，部分区域油层厚度超过 20m。

相对于长 6_3 砂层组，长 6_2 砂层组的范围和厚度都有了明显的缩小，主要集中在工区的北部以及东南部的小范围区域，整个工区内长 6_2 砂层组的油层厚度主要分布在 0~10m 范围内。

长 6_1 砂层组的有效厚度较长 6_2 砂层组又有了明显的变化，北部的有效厚度逐渐增加，北部和东北部的局部区域内油层的厚度超过 20m。对应到整个工区范围内，油层的范围也有进一步增加。

4.2.2　储层评价

根据前述的储层孔隙特征分析结果及储层非均质性分析结果可知，环江地区长 6 储层的层内非均质性、层间非均质性和平面非均质性均较强，这就决定了各层和不同沉积微相及砂体区带不同程度的差异。因此，综合考虑砂体厚度、孔渗等物性参数建立了该区储层综合评价标准，从而为后续产能评价与有利区预测提供支撑。

1998 年开始实施的中华人民共和国石油天然气行业标准 SY/T 6285—1997《油气储层评价方法》将低渗透层的渗透率上限定为 50mD，并分别确定了含油储层与含气储层的孔隙度、渗透率评价分类标准。标准将低渗透含油砂岩储层分为低渗透（10~50mD）、特低渗透（1~10mD）、超低渗透（0.1~1mD）、非渗透（渗透率<0.1mD）储层。

通过资料调研，国内外储层分类一般采用渗透率作为标准。按照这些储层分类标准，鄂尔多斯盆地中生界属于低孔特低渗透—超低渗透储层，因此简单地沿用传统的评价参数和评价方法不适用于鄂尔多斯盆地延长组储层分类的研究，不能完全反映低渗透油藏的特征。

储层分类评价的方法通常有很多种，不同油区储层特征不同，研究人员考虑问题的出发点不同，不同地区不同研究人员就会采取不同的评价方法。在储层综合评价分类中，参数的选择较为重要。在选择有效参数时应该考虑到以下几点：

（1）研究各单项参数对储层特征的影响程度以及以各参数间的相互关系为依据。

（2）参考研究区的具体特点，选择有代表性、可比性和实用性的参数。

通过对储层特征进行综合分析，认为以下因素可作为储层评价的标准：

（1）孔隙度：孔隙度与储量关系密切，是评价储层好坏的重要参数。

（2）渗透率：渗透率与产能、采收率关系密切，是储层物性评价的重要参数之一。

（3）砂层厚度：砂层厚度能反映储层规模，是储层性质中的重要参数之一，因此也参与评价。

4.2.2.1 储层综合评价标准

本书研究层位多，而取心资料有限，为了较全面地了解储层物性在平面上的变化情况，采用测井解释数据和实测数据进行平面储层评价的方法。根据单因素分析及相关评价参数的选择，建立了不同砂层组的储层综合评价标准（表4.5）。在评价过程中将储层分为3类：

Ⅰ类储层为好储层，以较纯的细砂岩为主，孔隙类型主要为粒间孔隙。该类储层主要发育在水下分支河道中，孔隙度一般大于11%，渗透率一般大于0.5mD，砂体厚度一般大于15m。排驱压力小于1.4MPa，中值半径大于0.13μm，环江地区储层孔渗物性较差，该类储层发育并不多。

Ⅱ类储层为较好储层，以细砂岩为主。孔隙类型主要为原生粒间孔和溶蚀粒间孔，该储层主要发育在水下分支河道中，孔隙度一般在9%~11%，渗透率在0.3~0.5mD，砂层厚度在10~15m。排驱压力为1.4~2.9MPa，中值半径介于0.08~0.13μm，该类储层在Ⅰ类储层外侧都有分布。

Ⅲ类储层为一般储层，以细砂岩、粉—细砂岩为主。孔隙类型主要为溶蚀粒间孔，主要发育在分支河道侧翼中，孔隙度一般在7%~9%，渗透率在0.1~0.3mD，砂层厚度在5~10m。排驱压力为2.9~6.4MPa，中值半径介于0.05~0.08μm，该类储层分布较为广泛，但已不作为主要有利储层。

表4.5　研究区储层分类评价标准

分类指标		储层类别		
		Ⅰ	Ⅱ	Ⅲ
沉积特征	沉积微相	水下分支河道	水下分支河道	水下分支河道、砂质碎屑流
	粒度	细砂岩、粉砂岩	细砂岩、粉砂岩	粉砂岩
	砂岩厚度	>15	10~15	5~10
物性特征	孔隙度，%	>11	9~11	7~9
	渗透率，mD	>0.5	0.3~0.5	0.1~0.3
孔隙结构	排驱压力，MPa	<1.4	1.4~2.9	2.9~6.4
	中值半径，μm	>0.13	0.08~0.13	0.05~0.08
孔隙类型	面孔率，%	>4	2~4	<2
	平均孔径，μm	>50	30~50	<50

4.2.2.2 储层分类与评价

依据上述分类标准，分别对长6段各小层砂层组进行了综合评价。

（1）长6_3砂层组评价。

长6_3砂层组以Ⅰ类、Ⅲ类储层为主，局部发育Ⅱ类储层。Ⅰ类储层主要分布于区块正东和东南的B24井—H307井—H305井、L23井—L238井—L242井一带，主要为浊流及砂质碎屑流沉积，储层较发育，储层物性较好，平均孔隙度为9%，平均渗透率为0.5mD。Ⅱ类储层主要分布在Ⅰ类储层的外围，如G245井—G322井、L90井—L4井一带；此外，在其他区域也有部分发育，如L132井—L78井、L124井—L264井一带，储层较为发育，平均孔隙度为8.2%，平均渗透率为0.35mD。

（2）长 6_2 砂层组评价。

长 6_2 砂层组以 I 类、III 类储层为主，局部发育 II 类储层，I 类储层主要集中分布在工区正北 H203 井—H164 井一带，为水下分支河道微相，储层较发育，一般厚度在 5~8m，单层砂层最大厚度可达 13m（H179 井），储层物性较好，平均孔隙度为 10%，平均渗透率为 0.5mD。

（3）长 6_1 砂层组评价。

长 6_1 砂层组以 II 类、III 类储层为主，局部发育 I 类储层。II 类储层在工区的正北及中部大范围地区广泛发育，I 类储层在工区北部的 G123 井—L66 井以及中部地区的 L94 井—B21 井带发育，其主要位于水下分支河道微相上，储层发育，储层物性较好，孔隙度一般为 10%，渗透率在 0.6mD 左右。III 类储层分布面积大，主要分布在工区的正西和东北方向，砂岩厚度一般小于 4m，孔渗条件较差。

第5章 储层三维地质建模

储层三维建模是从三维的角度对储层进行定量的研究，其核心是对储层进行多学科综合一体化、三维定量化及可视化的预测，旨在对储层特征及其非均质性在三维空间上的分布和变化进行综合表征。储层三维建模在油气勘探开发中发挥了重要作用，尤其是在油气田的开发阶段，建立定量的储层三维地质模型是进行油气田开发分析的基础，也是储层研究由定性向定量发展的必然结果。

本章在对各种沉积相建模方法进行深入分析的基础上，结合研究区的实际特点，采用了3种不同建模方法分别建立沉积相模型，在各个方法建立的相模型控制约束（相控）下建立精细的储层物性模型，主要包括孔隙度模型、渗透率模型、含油饱和度模型和 NTG（净毛比）模型，为后续的产能评价提供精细的地质数据体。

5.1 数据准备与质量控制

结合已有地质知识，在对构造进行详细分析的基础上，建立准确的三维构造模型，构造模型的准确与否直接影响后续属性模型的准确性。

5.1.1 数据准备

在地质建模中，数据准备及质量控制是一项基础而又十分重要的工作。本书建模收集到的数据主要包括两大类：第一类为井数据，主要为分层数据和井参数数据（孔隙度、渗透率和含油饱和度）；第二类为图形数据，主要为前期解释的各砂层组平面相图、含油面积图及构造图等，同时需要将各种图件导出为软件可以识别的 ASCII 码数据，或者手工数字化为需要的数据。

（1）井数据。

井数据主要为研究区 300 口井的井头文件、分层数据文件和物性参数文件。300 口井都为直井，无井斜参数，文件格式均为 ASCII 格式。

井头文件包含每口井的井名，井口 X、Y 坐标，井的测量深度和补心海拔（表5.1）。

表 5.1 井头数据

井名	X 坐标	Y 坐标	测量深度，m	补心海拔，m
B21	4079307.7	18710160.5	2750	1573.05
G136	4100604.6	18700003.1	2895	1672.28
H2	4076892.8	18712650.8	2690	1520.33
H317	4064548.2	18724258.7	2563	1542.96
H164	4115760.3	18700885.8	2645	1500.55
L211	4106420.8	18690759.2	2952	1708.77
…	…	…	…	…

分层数据文件第 1 行是数据的说明。从第 2 行开始为数据体，包括 4 列，分别为井名、层名、测深和类别（表 5.2）。

表 5.2　分层数据表（以 B21 井为例）

井名	层名	测量深度，m	类别
B21	长 6_1^1	2410	水平井
B21	长 6_1^2	2431	水平井
B21	长 6_2^1	2450	水平井
B21	长 6_2^2	2469	水平井
B21	长 6_3^1	2487	水平井
B21	长 6_3^2	2500	水平井
B21	长 6_3^3	2517	水平井

井参数文件为储层物性参数数据文件。一口井对应一个物性参数文件。研究区共有 300 口井，其中仅对 71 口井进行了取心，导致物性建模时条件数据较少，根据前人的储层四性关系研究，得出孔隙度与声波时差有较好的相关性，通过声波时差与孔隙度之间的关系表达式来拟合孔隙度。同时，通过前人分析得到的研究区孔隙度与渗透率交会图，利用拟合得到的孔渗相关性公式，也可以得到其他未进行物性分析井段的渗透率。

（2）图形数据。

图形数据主要为各种前期解释的成果图，包含前期地质人员解释的各砂组平面相图、含油平面图及构造图等。收集图像数据后，需要将其在软件中转换或者数字化成建模软件需要用到的 ASCII 码数据。

研究成果包含前人研究得到的基础地质资料、分析化验及各种储层特征研究相关的资料等，可为后续模型的建立和检验提供依据。

5.1.2　数据质量控制

数据质量控制是非常重要的一个环节，主要利用各种可视化工具检查原始数据中可能存在的各种不合理的地方以及可能输入的错误等。例如，通过三维可视化工具，可以直观地检查各口井的井轨迹是否合理，并且在显示井轨迹的同时显示井的属性，如沉积相、孔隙度、渗透率和饱和度等；也可以将任意井组合在一起进行对比，从而从多个方向检查分层数据及井属性数据是否合理。当发现有不正确的地方时，需要及时修正，以确保模型使用的数据是正确的。

5.2　构造建模

研究区面积 3015km²，构造简单没有断层。三维地质模型中，地质体采用网格表示，综合考虑井分布情况、构造走向以及开发需要等特征，确定了工区范围，根据研究需要把平面上的网格大小设置为 200m×200m（图 5.1）。

图 5.1 的网格骨架模型控制了后续网格的质量，由于工区没有断层且地势平缓，网格骨架的形态非常好。

图 5.1　网格骨架形态

　　网格骨架搭建完成后，建立层面模型。研究区目的层段为长 6 油层组，在建立层面模型时，通过前人研究得到的构造图对层面进行约束，利用分层数据建立的层面模型较好地再现了长 6 油层组的构造（图 5.2），与实际地质情况较为符合。

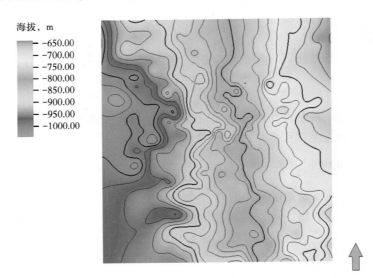

图 5.2　长 6 油层组顶面构造图

　　通过对长 6 油层组进行地层对比得到的分层数据，利用多重网格插值的方法建立的层面模型较好地再现了顶底面的构造形态，整体趋势为东高西低，与实际地质情况相符。
　　层面模型建立完毕后，对其中的小层利用分层数据进行插值，厚度作为约束得到不同小层的层面模型，在此基础上生成体模型。每个小层的体建立完成后，按照要求，垂向上的网格还需要进行细分，综合实际情况，每个小层内按照平均 1m 一个网格进行细分网格化。
　　建立的构造体模型较好地表现了不同小层的垂向接触关系及各小层的厚度分布

（图 5.3 和图 5.4），研究区整体构造起伏平缓，最终体模型的网格划分方案见表 5.3。

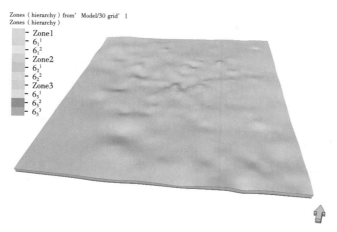

图 5.3　三维构造体模型整体示意图

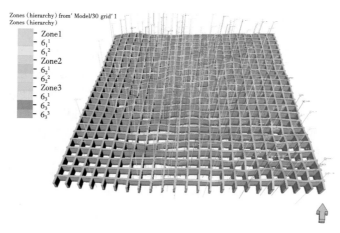

图 5.4　构造体模型栅状图

表 5.3　网格划分方案

I，J，K 方向网格平均大小	I，J，K 方向网格数量	网格总数
200m×200m×1m	268×287×141	10845156

　　最后对建立的构造模型进行检验，包括井点的位置关系，构造面与地质认识是否符合，井点与层面是否全部满足及微构造的调整等。之后进行网格质量的检查，构造模型的每一步都有可能产生负体积，通过对产生负体积的网格平面和垂向上走向的细微调整，消除负体积。构造模型的准确与否直接关系后续模型的质量，因此构造模型的每一步都需要进行必要的质量控制。

5.3 储层沉积相建模

当今主流的、成熟的沉积相建模方法主要有确定性建模方法、序贯指示模拟方法、截断高斯模拟方法、基于目标的模拟方法及多点地质统计学模拟方法等[86]，其中，多点地质统计学模拟方法是最新发展的一种主要针对离散变量（如沉积相）的模拟方法。不同的建模方法有各自不同的特点，适用于不同的沉积特征，模拟出的效果也有些区别。结合研究区实际情况，拟采用确定性模拟方法、序贯指示模拟方法、多点地质统计学模拟方法分别建立相模型，为后续沉积相控制约束下的属性模型优选及产能评价提供良好的地质数据体。

通过前人对研究区沉积相的研究可知，鄂尔多斯盆地长6沉积时期开始进入湖退期，三角洲开始逐步发育，且该区范围内长6油层组属多物源共同影响下的三角洲前缘沉积，长 6_3 沉积时期部分区域甚至发育半深湖—深湖相沉积，主要包含水下分支河道、支流间湾、河口坝、砂质碎屑流及湖泥等几种微相，微相种类较多，面积较大。如果对微相进行模拟，大面积没有井控制的地方的模拟不确定性太大，为了减少这种不确定性，采用录井解释的砂泥岩相进行岩相模拟，相的种类减少，有助于减少模拟的不确定性。

5.3.1 确定性建模方法

确定性建模方法是对井间未知区给出确定性的预测结果，即从已知确定性资料的控制点（井点）出发，推测出点间（井间）确定的、唯一的和真实的储层参数。传统地质方法的内插编图、克里金作图和一些数学地质方法作图都属于这一类建模方法。

由于前人对这部分的研究较为细致，对岩相部分尝试采用基于地质研究的确定性建模，通过前期对单井相、剖面相和平面相的分析，将得到的平面相展布图作为相建模的依据，将其在 Petrel 建模软件中数字化，建立对应各沉积时期的沉积相模型（图5.5至图5.10）。

将长 6_1 砂层组的沉积微相图进行数字化处理，将数字化的图件用 Polygons ［多边形、选定范围（边界）工具］把砂泥用线条勾勒出来，做成 surface（数字化构造顶面图，图5.5），重新 pillar gridding（平面网格化）一个大尺度的网格骨架，然后做成体，最后对新做的体进行相模拟。以同样方法分别建立长 6_2 砂层组和长 6_3 砂层组的沉积相模型。

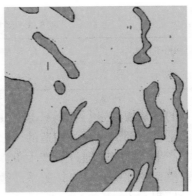

（a）原始沉积相图　　　　　　　（b）数字化后沉积相图

图5.5　长 6_1 砂层组数字化相图

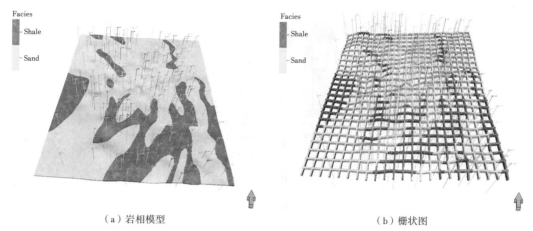

（a）岩相模型　　　　　　　　　　（b）栅状图

图 5.6　长 6_1 砂层组三维岩相模型及栅状图

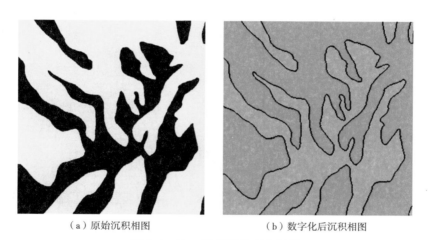

（a）原始沉积相图　　　　　　　　（b）数字化后沉积相图

图 5.7　长 6_2 砂层组数字化相图

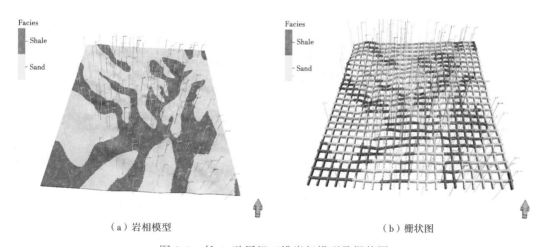

（a）岩相模型　　　　　　　　　　（b）栅状图

图 5.8　长 6_2 砂层组三维岩相模型及栅状图

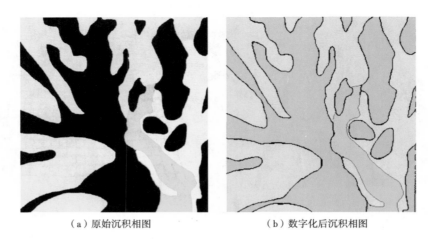

（a）原始沉积相图　　　　　　　　　　（b）数字化后沉积相图

图 5.9　长 6_3 砂层组数字化相图

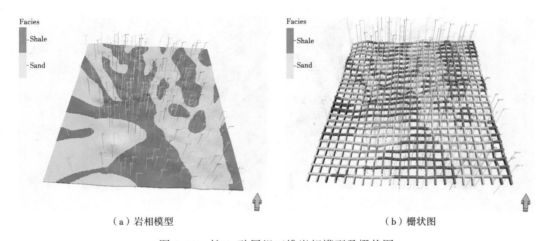

（a）岩相模型　　　　　　　　　　（b）栅状图

图 5.10　长 6_3 砂层组三维岩相模型及栅状图

　　得到的相模型体现了地质人员的认识，采用确定性建模方法的前提是对基础地质资料的研究较为准确和细致，该方法是理想化的建模方法，并没有考虑储层的不确定性和非均质性对模型的影响。

5.3.2　序贯指示建模方法

　　序贯指示模拟方法可以在模拟时对不同的变量采用不同的变差函数，从而在模拟过程中同时考虑不同变量的各自特点。

　　研究区共用到 300 口井的岩相输入参数（图 5.11），相数据分析最主要的是变差函数分析（图 5.12），利用变差函数分析的结果进行序贯指示模拟。

　　根据变差函数分析的结果，研究区主方向为 15°方向，主方向变程为 14000m，次方向变程为 8000m，垂直方向变程为 8m。总体上主方向为北东方向，与物源方向基本一致。

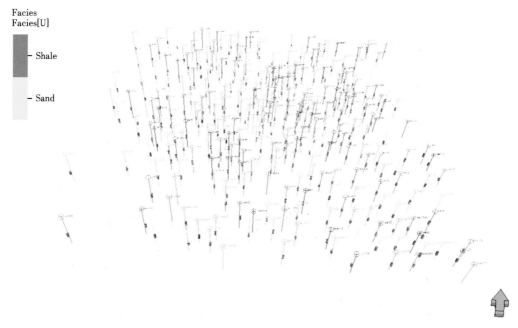

图 5.11　岩相输入数据

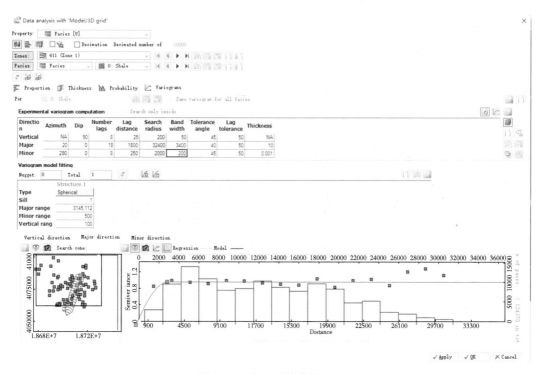

图 5.12　变差函数分析界面

　　随机模拟得到了沉积相模型（图 5.13 和图 5.14）。从模拟结果可以看出，沉积相模型与地质研究沉积相较匹配，其分布范围和特征较为符合地质人员的认识。

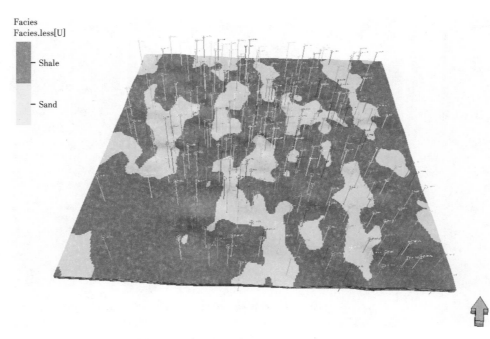

图 5.13　序贯指示模拟法三维岩相模型分布图

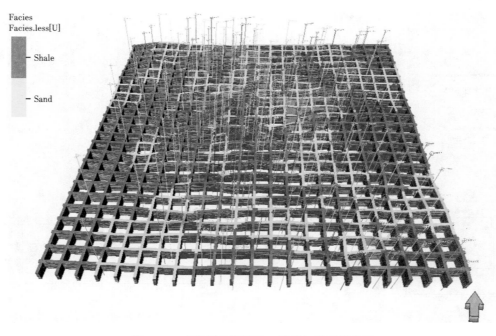

图 5.14　序贯指示模拟法三维岩相模型栅状图

图 5.15 显示了序贯指示模拟法模拟结果与原始数据的对比情况。从图中可以看出，序贯指示建模方法的结果与粗化数据及测井曲线对应较好，在较好地满足条件数据的同时，得到的结果与粗化数据的统计分析基本吻合。因此，做出的模型具有较高的可信度，真实地再现了地下砂体的分布情况。从沉积相模型整体来看，研究区储层非均质性很强，该方法模拟出的水下分支河道的连续性不是很好。

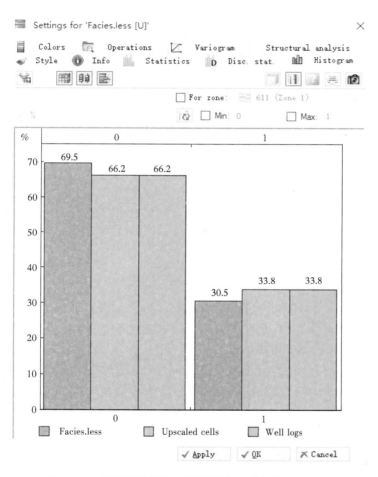

图 5.15　序贯指示模拟法模拟结果与原始数据的对比

5.3.3　多点地质统计学建模方法

研究区属于三角洲前缘亚相，包含水下分支河道、河口坝、席状砂、分流间湾、滩坝及湖泥等几种微相。同样采用录井解释的砂泥岩相进行岩相模拟，相的种类减少，有助于减少模拟的不确定性。

训练图像仅仅反映了先验的地质结构概念，可以通过基于目标的非条件模拟、类比储层的模拟、现代沉积模型、地质家勾绘的数字化图像来获取。由于地质作用的层次性，储层非均质性也有层次性，因此为了反映这种非均质性特征，可以建立几个训练图像，每个训练图像反映不同层次的非均质性特征。本书采用研究区不同砂组的平面沉积微相图作为训练图像，充分体现地质人员的认识。

（1）进行沉积微相图预处理，即进行沉积微相图数字化，将沉积微相图转换成为 Petrel 中多点地质建模使用的训练图像属性体。

（2）在网格 grid 中创建训练图像属性体。

（3）创建多点相模式。多点地质统计学相模拟的第一步是判别训练图像涵盖的信息，并转换为模拟算法直接识别的内容。这样的信息内容被保存在一种称为"搜索树"的模式（图 5.16）中，尽管这种典型的搜索树比较大，使用相对简单的数据格式，并且这种模式不能被看见，内置在 Petrel 软件中，但是这种搜索树能够非常简单地被产生和使用。

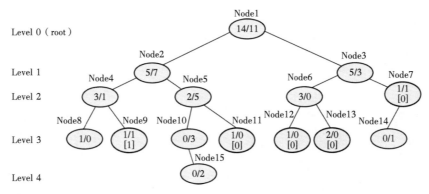

图 5.16　搜索树

（4）进行多点相模拟。对不同的模拟区域单元可以采用不同的训练图像模拟，可以设置各个相的相关系数，各模拟区域单元之间可以单独或者按照顺序模拟，后来模拟的区域单元会依赖于早先的区域单元模拟结果。

研究区目的层有 3 个砂层组，分别建立了 3 个训练图像反映不同砂层组类型的非均质特征（图 5.17 至图 5.19）。以图 5.17 为例，在左边的长 6_1 约束面基础上，建立长 6_1 砂层组砂泥岩的训练图像，平面上 200×200 个网格，垂向上 10 个网格，其中黄色部分代表砂岩相，灰色部分代表泥岩相。同样方法分别建立长 6_2 和长 6_3 的训练图像，可以看出，

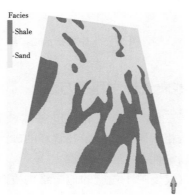

（a）数字化沉积相图（二维）　　　　（b）训练图像模型（三维）

图 5.17　长 6_1 约束面建立训练图像体模型

通过确定性赋值得到的训练图像与沉积微相图基本一致，很好地表现了砂体的展布情况，为后续的多点建模提供了良好的训练图像数据体。

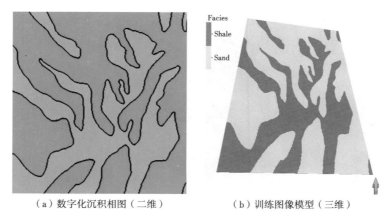

（a）数字化沉积相图（二维）　　　　　（b）训练图像模型（三维）

图 5.18　长 6_2 约束面建立训练图像体模型

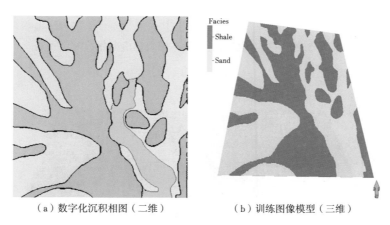

（a）数字化沉积相图（二维）　　　　　（b）训练图像模型（三维）

图 5.19　长 6_3 约束面建立训练图像体模型

应用 Petrel 软件中 Snesim 算法，对研究区沉积微相进行随机建模，包括准备数据、扫描训练图像以构建搜索树、选择随机路径、序贯求取各模拟点的条件概率分布函数并通过抽样获得模拟实现（图 5.20 和图 5.21）。

图 5.22 显示了多点地质统计学法模拟结果与原始数据的对比情况。从图中可以看出，多点地质统计学建模方法的模拟结果和原始数据对应较好，在较好地满足条件数据的同时，得到的结果与粗化数据的统计分析基本吻合，相较于序贯指示模拟法，多点地质统计学法的统计分析结果更好。因此，通过多点地质统计学法建立的模型具有更高的可信度，真实地再现了地下砂体的分布情况。

多点地质统计学建模方法建立的相模型不但很好地满足了井上的条件数据（硬数据），而且还更好地模拟出水下分支河道的形态和更好的连续性，更加符合地质人员的认识。相较于确定性方法，其考虑了储层的不确定性和非均质性；相较于序贯指示模拟方法，其较

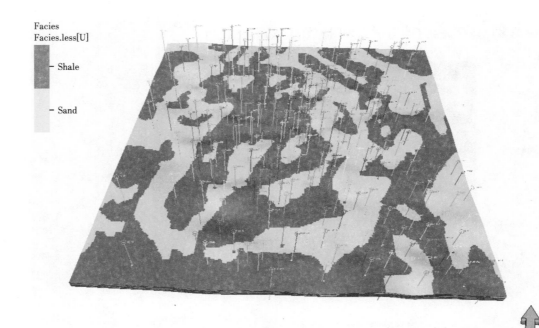

图 5.20　多点地质统计学法三维岩相模型分布图

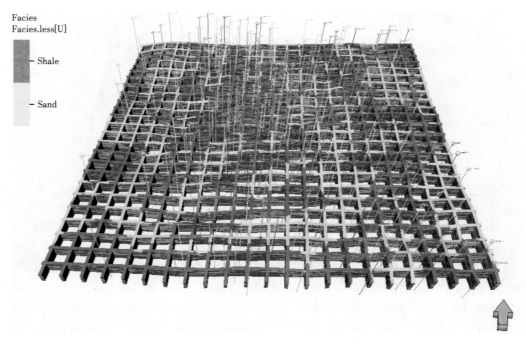

图 5.21　多点地质统计学法三维岩相模型栅状图

好地再现了水下分支河道的几何形态，模拟连续性更好，建立的模型更加符合实际情况，为接下来的储层物性建模提供了更加准确的地质数据体。

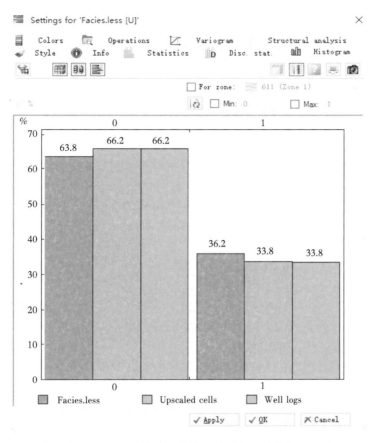

图 5.22　多点地质统计学法模拟结果与原始数据的对比

5.4　储层物性参数建模

储层物性模型描述孔隙度、渗透率和含油饱和度等储层物性在空间的变化特征。储层物性模型建立方法分确定性和随机模拟两类。Petrel 软件中确定性方法有近点取值、移动平均、函数插值（平坦面、双线性面、简单抛物面和抛物面）和克里金方法，随机模拟一般采用序贯高斯模拟法。克里金方法和随机模拟方法可直接应用采用数据分析得到的参数统计特征及变差函数。

本书研究通过测井曲线粗化，数据转换和变差函数分析后使用序贯高斯模拟法建立储层物性模型（包含孔隙度、渗透率和含油饱和度模型），通过前人研究的孔隙度下限和含油饱和度约束的方法建立 NTG（净毛比）模型。

序贯高斯模拟法是物性建模最适用的方法。它通过对储层物性进行正态变换，采用高斯函数对参数进行分析和预测。因此，在建模之前，需要进行数据准备和分析。

由于储层物性受沉积相的规模与分布控制，因此本书研究采用 3 种不同方法建立的沉积相模型约束控制（相控）下的物性参数建模，需要对不同微相的物性分别进行模拟，分别统计不同微相的物性参数特征。

5.4.1 序贯高斯方法原理与步骤

计算连续变量 $Z(u)$ 的步骤如下：

（1）确定代表整个研究区的单变量分布函数（cdf）。如果 Z 数据分布不均，则应先对其进行去丛聚效应分析。

（2）利用变量的分布函数，对 Z 数据进行正态得分变换转换成 y 数据，使其具有标准正态分布的分布函数。

（3）检验 y 数据的二元正态性。如果符合，则可使用该方法；否则应考虑其他随机模型。

（4）如果多变量高斯模型适用于 y 变量，则可按下列步骤进行顺序模拟：

①确定随机访问每个网格节点路径。指定估计网格点的邻域条件数据（包括原始 y 数据和先前模拟的网格节点的 y 值）的个数（最大值和最小值）。

②应用简单克里金来确定该节点处随机函数 $Y(u)$ 的条件分布函数（ccdf）的参数（均值和方差）。

③从 ccdf 随机地抽取模拟值 $Y^l(u)$。

④将模拟值 $Y^l(u)$ 加入已有的条件数据集。

⑤沿随机路径处理下一个网格节点，直到每个节点都被模拟，就可得到一个实现。

（5）把模拟的正态值 $Y^l(u)$ 经过逆变换变回到原始变量 $Z(u)$ 的模拟值。在逆变换过程中可能需要进行数据的内插和外推。

整个序贯模拟过程可以按一条新的随机路径重复以上步骤，以获取一个新的实现，通常的做法是改变用于产生随机路径的随机种子数。

序贯高斯模拟方法的主要优点在于：（1）数据的条件化是模拟的一个整体部分，无须作为一个单独的步骤进行处理；（2）自动地处理各向异性问题；（3）适合于任意类型的协方差函数；（4）运行过程中仅需要一个有效的克里金算法，其前提条件是变量分布要求服从高斯分布。

序贯高斯模拟方法稳健而常用。高斯随机域是最经典的随机函数模型，该模型的最大特征是随机变量符合高斯分布（即正态分布）。该方法主要用于连续变量（如孔隙度、渗透率和含油饱和度）的随机模拟。

5.4.2 测井曲线粗化

地质模型都是基于网格的，必须将测井曲线上的逐点解释的值赋值到地质模型的网格上，即将测井曲线的采样率与地质模型的纵向网格单元相匹配，并将数值赋给过井的网格单元。属性建模主要是对测井解释成果中的孔隙度、渗透率和含油饱和度数据进行粗化处理。粗化算法主要有算术平均法和几何平均法两种。孔隙度和含油饱和度均为标量，主要使用算术平均法进行粗化；渗透率为矢量且变异性很强，主要使用几何平均法粗化。

5.4.3 数据分析

数据分析主要分为以下数据变换：

（1）基础变换：主要为截断变换，即截除一些由于测井解释造成的异常低值和异常高值，如个别井的孔隙度解释数据出现了负值，则必须进行截断以使数据符合正常分布。

（2）对数变换：对于渗透率，一般不呈正态分布，将其进行对数变换后可接近正态分布。因此，在建模前，一般要对渗透率进行对数变换，建模后再进行反变换。

（3）正态得分变换：通过变换，使参数符合高斯分布；建模后，进行反变换。

（4）变差函数分析：变差函数反映储层参数的空间相关性。变差函数的参数可通过计算求取。但是当分相求取变差函数的井点较少时，变差函数的求取会有较大的误差。因此，在实际的建模过程中，一般可应用地质概念模式来辅助估计变差函数的参数，主要是变程。变程的主方向大体为主物源方向，主变程大体相当于微相单元的长度，次变程大体相当于微相单元的宽度，而垂向变程大体相当于一个微相单元的厚度。

（5）标准偏差分析：反映各相的岩石物理参数的数值变化性。一个标准的正态分布可用均值和标准偏差来描述。标准偏差可通过多井数据的直方图统计而得到。

（6）相关关系分析：反映不同类型岩石物理参数相关程度。为了进行参数间的协同建模，可输入各参数间的相关关系进行约束。相关关系可通过各参数之间的回归分析而得到。

在实际建模过程中，分相统计和输入了各参数的相控模型、数据变换、变差函数、标准偏差和相关关系等，在条件井的控制下，进行序贯高斯模拟，建立了工区的三维孔隙度、渗透率和含油饱和度模型。

在进行各种模拟之前，必须进行各种数据变换和变差函数分析，数据变换保证数据的准确性，变差函数分析保证模拟的准确性（图 5.23）。

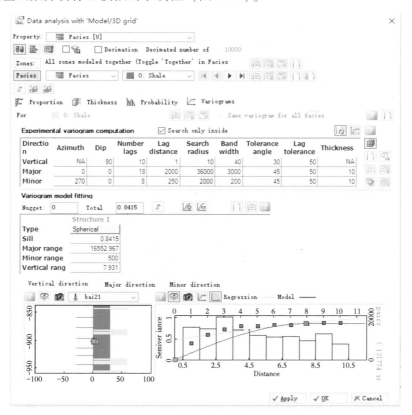

图 5.23　变差函数分析示意图

5.4.4 孔隙度模型

根据前人研究的成果，研究共收集 300 口井的孔隙度数据。对孔隙度参数曲线进行粗化后，分别建立 3 种相建模方法分别控制约束（相控）下的孔隙度模型，利用相控进行约束，采用序贯高斯模拟方法建立工区的孔隙度模型。

序贯高斯模拟的基本工具为变差函数，首先进行变差函数分析：以砂岩相为例，研究区主方向为 15°方向，主方向变程为 8000m，次方向变程为 6000m，垂直方向变程为 8m，总体上主方向为北东方向。

5.4.4.1 确定性方法相控约束的模型

图 5.24 和图 5.25 分别为确定性方法控制约束下的孔隙度模型分布图和孔隙度模型栅状图。

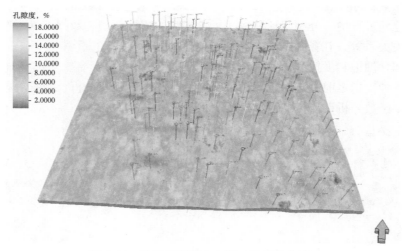

图 5.24 孔隙度模型分布图（确定性方法）

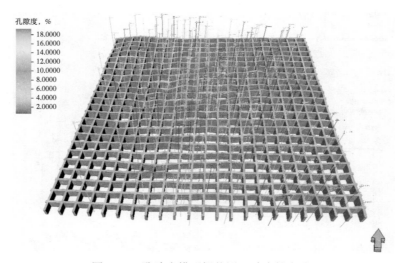

图 5.25 孔隙度模型栅状图（确定性方法）

模拟结果较好地再现了孔隙度在三维空间上的展布（图 5.24），经过模型统计分析，孔隙度最小值为 0.26%，最大值为 20.1%，平均值为 8.11%。孔隙度主要分布在 6% ~ 10% 的区间。

5.4.4.2　序贯指示方法相控约束的模型

图 5.26 和图 5.27 分别为序贯指示方法控制约束下的孔隙度模型分布图和孔隙度模型栅状图。

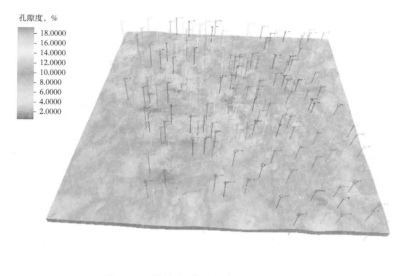

图 5.26　孔隙度模型分布图（序贯指示方法）

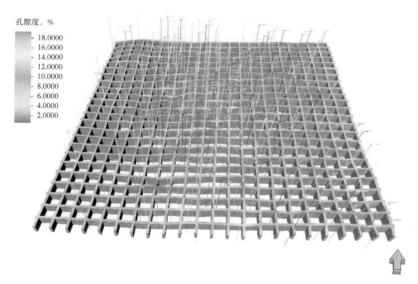

图 5.27　孔隙度模型栅状图（序贯指示方法）

模拟的结果如图 5.26 所示，经过模型统计分析，孔隙度最小值为 0.25%，最大值为 19.15%，平均值为 7.59%。孔隙度主要分布在 5.5% ~ 9.5% 的区间。

5.4.4.3 多点地质统计学方法相控约束的模型

图 5.28 和图 5.29 分别为多点地质统计学方法控制约束下的孔隙度模型分布图和孔隙度模型栅状图。

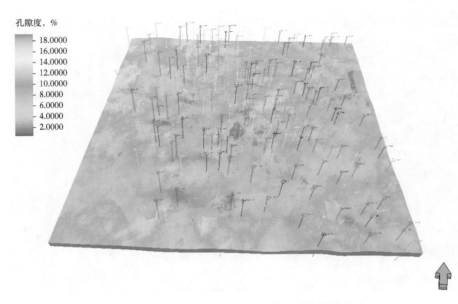

图 5.28 孔隙度模型分布图（多点地质统计学方法）

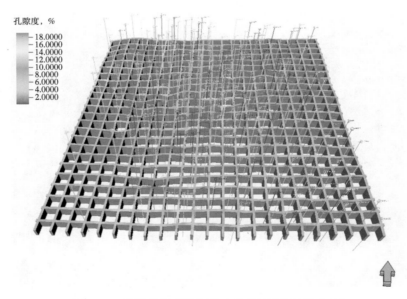

图 5.29 孔隙度模型栅状图（多点地质统计学方法）

模拟的结果如图 5.28 所示，经过模型统计分析，孔隙度最小值为 0.25%，最大值为 19.15%，平均值为 7.61%。孔隙度主要分布在 6%~9.5% 的区间。

5.4.5　渗透率模型

同样，研究收集到 300 口井的渗透率数据。对渗透率参数曲线进行粗化后，分别建立 3 种相模型相控下的渗透率模型，采用序贯高斯模拟方法建立渗透率模型。

前人的研究成果（图 5.30）显示，渗透率与孔隙度有很强的相关性，模拟渗透率时，利用前面建立的孔隙度模型分别进行协同模拟。

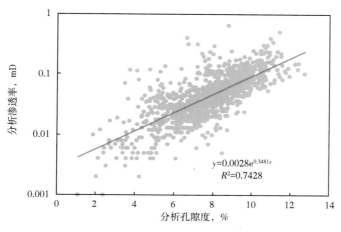

$y=0.0028e^{0.3481x}$
$R^2=0.7428$

图 5.30　长 6 储层孔隙度与渗透率关系图

同孔隙度模拟一致，渗透率模拟也先要进行变差函数分析：以砂岩相为例，研究区主方向为 15°方向，主方向变程为 8000m，次方向变程为 6000m，垂直方向变程为 8.2m，总体上主方向为北东方向。

5.4.5.1　确定性方法相控约束的模型

图 5.31 和图 5.32 分别为确定性方法控制约束下的渗透率模型分布图和渗透率模型栅状图。

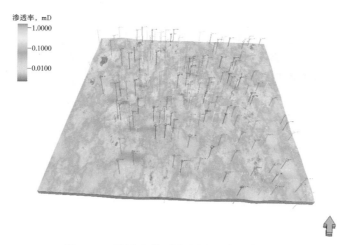

图 5.31　渗透率模型分布图（确定性方法）

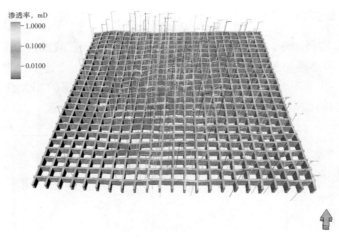

图 5.32　渗透率模型栅状图（确定性方法）

模拟结果较好地再现了渗透率在三维空间上的展布（图 5.31），经过模型统计分析，渗透率最小值为 0.01mD，最大值为 2.43mD，平均值为 0.17mD。渗透率主要分布在 0.01~0.2mD 的区间。

5.4.5.2　序贯指示方法相控约束的模型

图 5.33 和图 5.34 分别为序贯指示方法控制约束下的渗透率模型分布图和渗透率模型栅状图。

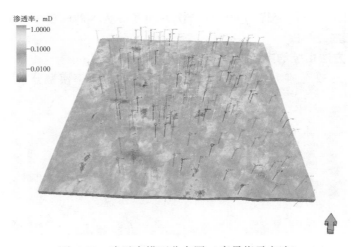

图 5.33　渗透率模型分布图（序贯指示方法）

模拟结果如图 5.33 所示，经过模型统计分析，渗透率最小值为 0.01mD，最大值为 1.55mD，平均值为 0.07mD。渗透率主要分布在 0.01~0.2mD 的区间。

5.4.5.3　多点地质统计学方法相控约束的模型

图 5.35 和图 5.36 分别为多点地质统计学方法控制约束下的渗透率模型分布图和渗透率模型栅状图。

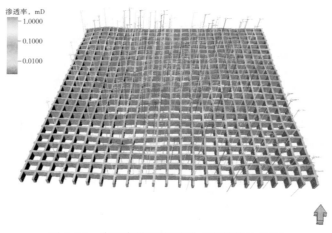

图 5.34　渗透率模型栅状图（序贯指示方法）

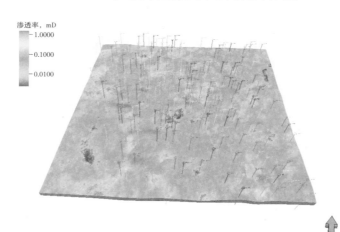

图 5.35　渗透率模型分布图（多点地质统计学方法）

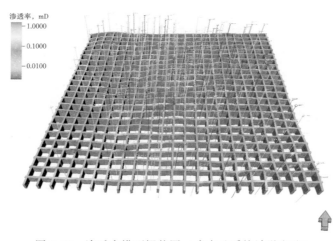

图 5.36　渗透率模型栅状图（多点地质统计学方法）

模拟结果如图 5.35 所示，经过模型统计分析，渗透率最小值为 0.01mD，最大值为 1.55mD，平均值为 0.07mD。渗透率主要分布在 0.01~0.24mD 的区间。

5.4.6 含油饱和度模型

研究收集到 300 口井的含油饱和度数据，在对含油饱和度参数曲线进行粗化后，分别建立 3 种相模型相控下的含油饱和度模型，仍然采用序贯高斯模拟方法建立含油饱和度模型。

同孔隙度和渗透率模拟一致，含油饱和度模拟也先要进行变差函数分析：以砂岩相为例，研究区主方向为 15°方向，主方向变程为 8000m，次方向变程为 6000m，垂直方向变程为 8.6m，总体上主方向为北东方向。

5.4.6.1 确定性方法相控约束的模型

图 5.37 和图 5.38 分别为确定性方法控制约束下的含油饱和度模型分布图和含油饱和度模型栅状图。

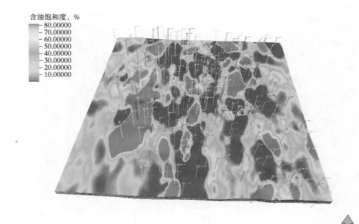

图 5.37　含油饱和度模型分布图（确定性方法）

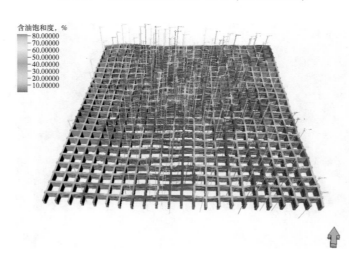

图 5.38　含油饱和度模型栅状图（确定性方法）

模拟结果较好地再现了含油饱和度在三维空间上的展布（图 5.37），经过模型统计分析，含油饱和度最小值为 0.18%，最大值为 82.44%，平均值为 32.13%。含油饱和度主要分布在 10%~80% 的区间。

5.4.6.2　序贯指示方法相控约束的模型

图 5.39 和图 5.40 分别为序贯指示方法控制约束下的含油饱和度模型分布图和含油饱和度模型栅状图。

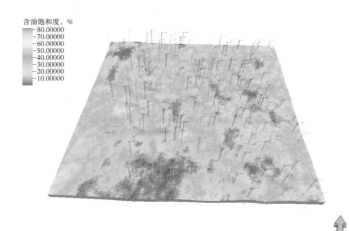

图 5.39　含油饱和度模型分布图（序贯指示方法）

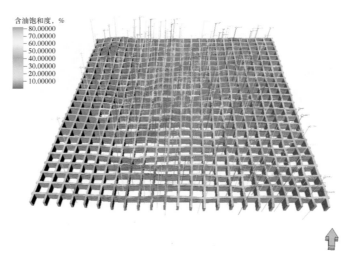

图 5.40　含油饱和度模型栅状图（序贯指示方法）

模拟结果如图 5.39 所示，经过模型统计分析，含油饱和度最小值为 0.18%，最大值为 82.44%，平均值为 30.64%。含油饱和度主要分布在 15%~45% 的区间。

5.4.6.3　多点地质统计学方法相控约束的模型

图 5.41 和图 5.42 分别为多点地质统计学方法控制约束下的含油饱和度模型分布图和

含油饱和度模型栅状图。

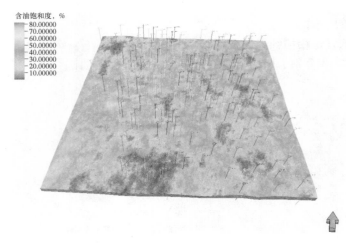

图 5.41　含油饱和度模型分布图（多点地质统计学方法）

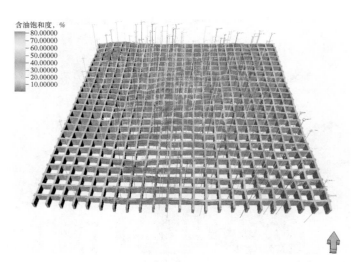

图 5.42　含油饱和度模型栅状图（多点地质统计学方法）

模拟结果如图 5.41 所示，经过模型统计分析，含油饱和度最小值为 0.18%，最大值为 82.44%，平均值为 30.65%。含油饱和度主要分布在 15%～45% 的区间。

5.4.7　NTG 模型（净毛比模型）

NTG 主要指地质模型中某一岩层平面上某一点处垂向上各网格中对地质储量有贡献的网格岩石体积（或厚度）之和与该层岩石平面上该点处垂向上所有网格岩石总体积（或厚度）的比值。这里主要为有效厚度与地层厚度的比值。

通过前人研究分析得到的物性下限，对已经建立的孔隙度和含油饱和度模型进行下限约束，构建 NTG 模型，将处于物性下限的模型体部分赋值为 0，而将高于物性下限的部分赋值为1。研究区有效储层的孔隙度下限值为7%，含油饱和度下限值为35%，通过这两个下限数据约束建立各个相模型相控下的 NTG 模型。

5.4.7.1　确定性方法约束的模型

图 5.43 和图 5.44 分别为确定性方法控制约束下的 NTG 模型分布图和 NTG 模型栅状图。

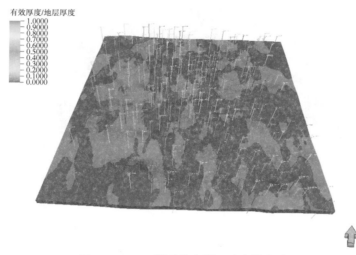

图 5.43　NTG 模型分布图（确定性方法）

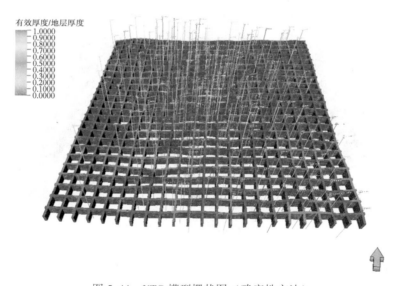

图 5.44　NTG 模型栅状图（确定性方法）

模拟结果如图 5.43 所示，经过确定性模拟方法相控计算出的模型统计分析，有效厚度与地层厚度的比值为 0.24。

5.4.7.2　序贯指示方法约束的模型

图 5.45 和图 5.46 分别为序贯指示方法控制约束下的 NTG 模型分布图和 NTG 模型栅状图。

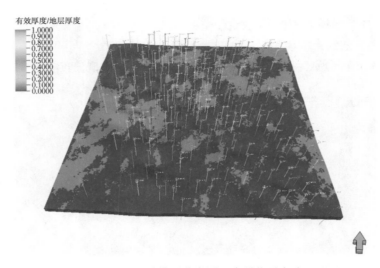

图 5.45　NTG 模型分布图（序贯指示方法）

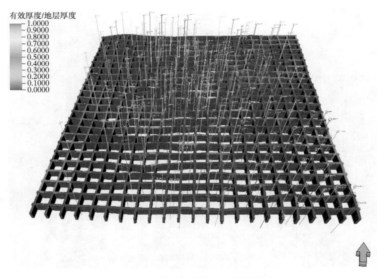

图 5.46　NTG 模型栅状图（序贯指示方法）

　　模拟结果如图 5.45 所示，经过序贯指示模拟方法相控计算出的模型统计分析，有效厚度与地层厚度的比值为 0.25。

5.4.7.3　多点地质统计学方法约束的模型

　　图 5.47 和图 5.48 分别为多点地质统计学方法控制约束下的 NTG 模型分布图和 NTG 模型栅状图。

　　模拟结果如图 5.47 所示，经过多点地质统计学模拟方法相控计算出的模型统计分析，有效厚度与地层厚度的比值为 0.43。

图 5.47　NTG 模型分布图（多点地质统计学方法）

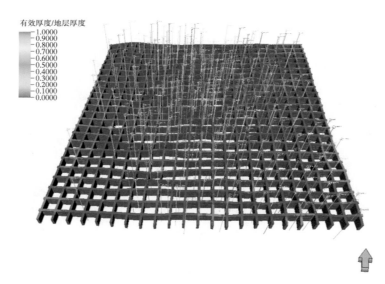

图 5.48　NTG 模型栅状图（多点地质统计学方法）

第6章 基于三维地质模型的产能评价方法

油气储层产能评价与预测是油气勘探和开发领域的一项基本任务。对油气储层产能进行正确评价不仅可以检验油气勘探的成果，还可以为油气田开发提供最基本的依据。目前，对油气储能产能的预测还没有一套成熟的方法。环江地区长6油层组低孔—特低渗透岩性油藏，在前期厘清研究区储层特征的基础上，利用已有的勘探井、评价井信息，针对目前基于单井评价方法的不足，开展基于三维地质模型的产能评价新方法研究。研究不仅考虑了储层的不确定性和非均质性对产能评价的影响，还考虑了与井连通砂体规模及属性对产能评价的影响，选择了适用于该区的精度较高的BP神经网络预测方法，研究成果为下一步油田开发规划部署和方案设计提供了重要依据。

6.1 确定产能评价参数

6.1.1 参数优选

在油田开发过程中，油气储层的生产能力受到诸多因素的影响，因此产能是各种影响因素的综合反映。归纳起来，影响产能的因素大致可分为两大类：第一类是储层因素，包括储层的岩性、物性、含油气性质和流体性质；第二类是工程因素，包括表皮系数和流体半径，其中表皮系数是指钻井、井下作业过程中对油层的污染，射孔的完善程度，酸化、压裂改造油层等因素的综合反映。

由此可见，储层产能是由储层的自身条件与外部环境以及油气性能等共同决定的。然而，在实际生产中，受特定的开采区块内开发井网和作业方式的限制，外部环境条件和油气性能等都是相对固定不变的。此时，储层的产能高低就取决于油气储层的自身性质。

产能预测方法的基本思想是在充分分析研究区域内已有的测井、岩心分析、试油、生产等数据的基础上，建立储层产能与测井（属性）数据之间的关系，进而利用储层的初始静态特征参数评价和预测储层的产能。前人对环江地区的基础地质研究表明，长6油层组为低—特低渗透岩性油藏，具有储层物性差、储层非均质性强的特点。这些特点决定了油藏的产能特征，结合本书研究的实际情况，产能主要受目的层段的物性、含油饱和度和有效厚度控制。因此，选出本次产能评价研究的参数如下：

（1）对于低渗透、超低渗透储层，单井储层的有效孔隙度是指储层中所含可动流体体积占储层岩石体积的百分比，与产能具有某种正相关性；（2）储层渗透率是影响储层产能的重要因素，决定了流体在储层中的渗流方向和强度，与产能具有某种正相关性；（3）储层的含油饱和度反映了储层流体中含油量的大小，含油饱和度越大，储层中流体的油含量越高，与储层产能具有正相关性；（4）储层的有效厚度是指目的层位具产油能力的砂岩层厚度，厚度越大，储层的可采储量越大，也就预示着产能越高。

在上述 4 个影响因素的基础上，本书基于三维地质模型的产能研究还考虑了产层内非均质性（渗透率非均质程度）对产能预测的影响，并将其纳入产能预测参数中，通常使用以下 3 个参数表示（表 6.1）：

（1）渗透率变异系数（V_k）：渗透率的标准偏差与渗透率的平均值之比。

（2）渗透率突进系数（T_k）：渗透率的最大值与渗透率的平均值之比。

（3）渗透率极差（J_k）：渗透率的最大值与渗透率的最小值之比。

表 6.1　渗透率非均质程度评级表

项目	变异系数	突进系数	极差
非均质性弱	<0.5	<2	<10
非均质性高	0.5~0.7	2~3	10~100
非均质性强	>0.7	>3	>100

统计各砂层组渗透率非均质程度参数（表 6.2），结合表 6.1 可以得出，长 6 油层组内的 3 个砂层组的变异系数与突进系数分别大于 0.7 与 3，因此表现出很强的非均质性；而 3 个砂层组的极差也均介于 10 与 100 之间，因此整体而言，长 6 油层组的非均质性强。同时对比各个砂层组的参数可以看出，长 6_1 砂层组的突进系数与极差最大，长 6_3 砂层组的突进系数与极差最小。因此，长 6_1 砂层组的非均质性最强，长 6_3 砂层组的非均质性最弱。

表 6.2　长 6 油层组渗透率非均质程度参数表

层号	最大值，mD	最小值，mD	平均值，mD	标准偏差	变异系数	突进系数	极差
长 6_1	5.88	0.07	0.25	0.32	1.21	22.62	83.0
长 6_2	4.21	0.06	0.20	0.24	2.58	20.45	68.5
长 6_3	3.25	0.07	0.18	0.20	1.50	18.22	46.9

将渗透率变异系数、渗透率突进系数和渗透率极差 3 个参数加入产能预测中，考虑了储层的非均质性对产能的影响，进一步提高了产能预测的精度。

最终确定影响研究区长 6 油层组产能的因素为孔隙度、渗透率、含油饱和度、储层有效厚度、渗透率变异系数、渗透率突进系数和渗透率极差。

6.1.2　产能分级标准

结合探井试油层位统计，针对长 6 油层组对生产井近 3 个月产量进行劈分计算，得到环江地区产油井的长 6 层位的产量数据。研究分析发现，长 6 油层组的产能变化范围在 0.03~4.08t/d，范围变化较大，根据通常的储层分类原则及实际生产的需要，把产能分为高、中、低 3 个等级（表 6.3）。

表 6.3　研究区产能分级表

产能	类别	产能，t/d
高	Ⅰ	>1.5
中	Ⅱ	0.5~1.5
低	Ⅲ	<0.5

6.1.3 取值数据表

在充分分析研究区域内已有的测井、岩心分析、试油和生产等数据及储层非均质性的基础上，得到产油井的产层对应的孔隙度、渗透率、含油饱和度和有效厚度的数值，基于每口油井分别计算了渗透率的变异系数、突进系数和极差。综合选取研究区资料比较全的30口井数据作为样品，列出了7个参数下对应的日均产量与产能级别，最终建立长6油层组单井产能分析数据表（表6.4），其中日均产量范围在0.18～2.34t。

表6.4 环江地区长6油层组单井产能分析数据表

井号	层位	平均孔隙度 %	平均渗透率 mD	平均含油饱和度 %	有效厚度 m	变异系数	突进系数	极差	日均产量 t	产能级别
H97	长6_2	9.03	0.10	55.55	5.50	0.50	2.35	6.68	0.18	Ⅲ
L200	长6_3	7.55	0.04	46.34	2.75	0.38	2.15	4.42	0.20	Ⅲ
B39	长6_3	9.27	0.07	66.02	5.88	0.84	4.23	27.10	0.31	Ⅲ
L51	长6_3	7.74	0.04	41.30	4.13	1.12	5.83	75.25	0.34	Ⅲ
L258	长6_1	11.67	0.18	54.57	7.50	0.64	2.76	45.80	0.36	Ⅲ
H317	长6_3	8.02	0.04	49.17	7.53	1.32	9.12	31.17	0.42	Ⅲ
L249	长6_1	8.67	0.13	67.97	2.55	0.88	3.57	26.64	0.46	Ⅲ
L241	长6_2	8.32	0.09	48.43	10.38	0.60	3.13	9.56	0.48	Ⅲ
G230	长6_2	9.65	0.13	41.82	7.75	0.94	4.89	20.50	0.54	Ⅱ
H316	长6_3	7.70	0.04	37.71	13.50	0.90	4.68	20.07	0.71	Ⅱ
G191	长6_1	10.27	0.12	43.52	12.13	0.59	3.09	12.34	0.81	Ⅱ
G245	长6_3	7.89	0.04	65.91	9.71	0.74	3.78	15.82	0.93	Ⅱ
L151	长6_3	7.66	0.04	52.60	12.00	0.52	3.26	9.38	1.45	Ⅱ
H115	长6_1	11.15	0.16	51.49	13.50	0.86	5.18	23.47	1.85	Ⅰ
H307	长6_3	8.18	0.05	54.92	15.69	1.17	7.83	38.11	2.00	Ⅰ
H2	长6_3	8.26	0.05	67.36	20.00	0.42	2.70	6.11	2.08	Ⅰ
L23	长6_3	10.53	0.11	45.05	19.13	0.93	6.13	42.46	2.14	Ⅰ
L238	长6_3	8.62	0.06	58.59	15.25	0.49	3.51	10.94	2.34	Ⅰ
G11	长6_1	10.74	0.16	37.07	14.50	0.90	5.66	27.00	0.90	Ⅱ
G54	长6_1	11.25	0.19	45.15	21.38	0.53	2.43	6.73	0.27	Ⅲ
G197	长6_1	9.58	0.10	43.07	11.53	0.73	4.64	41.36	1.02	Ⅱ
G243	长6_1	11.01	0.16	42.80	12.75	0.63	2.96	13.64	0.22	Ⅲ
G246	长6_1	10.21	0.17	46.26	22.36	0.54	2.66	8.51	1.46	Ⅱ
G281	长6_1	11.28	0.12	56.53	14.50	0.59	3.30	14.52	0.31	Ⅲ
G286	长6_1	9.80	0.12	45.19	20.86	0.59	3.08	11.23	1.30	Ⅱ
H117	长6_1	11.05	0.11	40.66	4.31	0.83	3.07	17.70	0.25	Ⅲ
H163	长6_1	10.40	0.16	37.91	24.27	0.49	2.81	7.00	0.26	Ⅲ
H164	长6_1	11.05	0.16	43.43	20.67	0.48	2.99	11.05	1.27	Ⅱ
L38	长6_1	10.95	0.10	39.85	9.88	0.37	2.29	13.23	0.56	Ⅱ
L53	长6_1	12.35	0.26	42.52	12.37	0.95	3.16	19.67	1.81	Ⅰ

6.2　基于三维地质模型产能评价思路

　　传统预测产能的方法通过关联分析储层参数与单井产能，建立产能预测函数。这一过程通常是把储层参数（包括孔隙度、渗透率、含油饱和度和产层厚度等）转换到二维分布，其弊端是转换后的二维模型不能从三维空间的层次上研究岩相变化、砂体展布特征及储层非均质性等。

　　基于三维地质模型的产能预测方法（图 6.1）就是根据岩心分析、测井等数据建立三维的储层属性体，包括孔隙度、渗透率、饱和度和 NTG 等属性模型。进行单井产能预测，从三维空间角度，采用井控半径及产层层位控制约束的属性体计算，建立井控及层控平均孔隙度、平均渗透率、平均含油饱和度、NTG、渗透率变异系数、突进系数和极差等参数与单井产能的预测函数，从而预测其他井及未开发位置的产能。

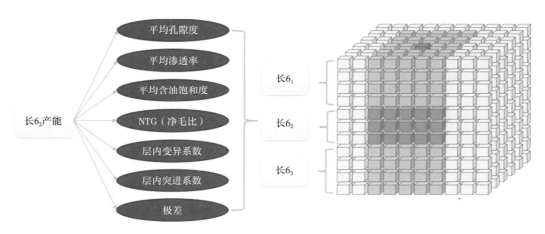

图 6.1　基于三维地质模型产能预测方法示意图

　　精细储层地质模型的属性模型是由三维网格体元组成的，每一个体元包含储层在该体元所在空间位置内的各种储层属性值。井控层控的属性计算过程是依据井位的坐标计算出对应的模型属性体的网格索引，以井位（对应坐标为 I 和 J）为中心、半径 r 为约束范围框定了单井平面范围，然后依据生产层位深度计算出对应的垂向层位（K）索引范围。结合平面和垂向范围约束，计算单井产能对应的储层模型属性体平均孔隙度、平均渗透率、平均含油饱和度、NTG（净毛比）、渗透率变异系数、突进系数和极差等属性值。

　　根据前文的产能评价参数优选结果，研究对应提取了产能评价所需的孔隙度模型数据、渗透率模型数据、含油饱和度模型数据和 NTG 模型数据。分别按照井控层控范围的约束方法整理出产能预测的基础数据。通过井控层控约束的渗透率数据计算出渗透率变异系数、渗透率突进系数和渗透率极差。

　　由于本书研究的目标区平面面积大、垂向层位厚，所建立的模型网格量非常大，达到了上千万的级别，目前没有合适的工具来提取出所需井控层控范围的网格属性数据体，因此自行编写程序来解决这个问题。

程序源代码的核心部分如下：

```
/// <summary>
/// 根据用户输入的 I，J 求平均值
/// </summary>
/// <param name=" iNum">I 的值</param>
/// <param name=" jNum">J 的值</param>
/// <param name=" kMinNum">K 的最小值</param>
/// <param name=" kMaxNum">K 的最大值</param>
/// <param name=" cirNum">外扩圈数</param>
/// <param name=" ifChecked">K 值是否约束范围</param>
/// <returns></returns>
private static Tuple<Dictionary<string, string>, List<ObjModel>> CalculateLogic
(int iNum, int jNum, int kMinNum,
        int kMaxNum, int cirNum)
    {
        Dictionary<string, string> dicRes = new Dictionary<string, string> ();
        List<ObjModel> dataSourseModel = new List<ObjModel> ();
        int iMin = iNum - cirNum；//根据外扩圈数确定 i 的最小值
        int iMax = iNum + cirNum；//根据外扩圈数确定 i 的最大值
        int jMin = jNum - cirNum；//根据外扩圈数确定 j 的最小值
        int jMax = jNum + cirNum；//根据外扩圈数确定 j 的最大值
        decimal res = 0；
        decimal valueMin = 1000；
        decimal valueMax = 0；
        int index = 0；
        int allIndex = 0；
        int count = _ dataSourseModels. Count；//获得数据源行数

        #region MyRegion

        for (int i = 0；i < count；i++)
          {
            //逐条读取源数据
            var objsModel = _ dataSourseModels [i]；
            int iValue = int. Parse (objsModel. I)；
            int jValue = int. Parse (objsModel. J)；
            int kValue = int. Parse (objsModel. K)；
            decimal objValue = decimal. Parse (objsModel. ObjValue)；
            if (iMin <= iValue && iValue <= iMax && jMin <= jValue && jValue <
= jMax && kMinNum <= kValue &&
```

74

```
            kValue <= kMaxNum）// 根据源数据 i，j，k 的值与数据范围做比
较，取满足条件的行继续计算
            {
                allIndex++；//满足条件的个数+1
                if（objValue >= 0）//判断值是否有效
                {
                    index++；//有效值个数+1
                    valueMin = valueMin > objValue ? objValue : valueMin；//与
最小值做比较，将小的数作为新的最小值
                    valueMax = valueMax > objValue ? valueMax : objValue；//与
最大值做比较，将大的数作为新的最大值
            dataSourseModel. Add（objsModel）；

                res += objValue；//求和
                }
            }
        }
        var txtAver = index > 0 ? Math. Round（（res/index），5）: 0；//根据求和
结果计算算术平均值
        dicRes. Add（" txtValueMin"，valueMin. ToString（））；
        dicRes. Add（" txtValueMax"，valueMax. ToString（））；
        dicRes. Add（" txtIndex"，index. ToString（））；
        dicRes. Add（" txtAllIndex"，allIndex. ToString（））；
        dicRes. Add（" txtSum"，res. ToString（））；
        dicRes. Add（" txtAver"，txtAver. ToString（））；

        #endregion

        return new Tuple<Dictionary<string，string>，List<ObjModel>>（dicRes，
dataSourseModel）；
    }
```

　　编写的程序主要分 3 行输入，第一行为需要加载的整个研究区网格属性体数据，数据体可由 Petrel 软件直接导出，格式见表 6.5（以孔隙度模型体数据为例）。表 6.5 中前 3 列为网格的索引坐标，第 4 列为所对应模型中索引网格对应的属性值；第 2 行为层控取值范围的参数，参数文件见表 6.6，表 6.6 中前 2 列分别是井名和实际生产层位，第 3 列和第 4 列对应的 I_Index 和 J_Index 为井在模型网格体中的坐标值，第 5 列 K 范围对应井的产层位置垂向坐标索引；第 3 行主要输入井控半径取值的范围，取值范围为 1~9。

表 6.5　模型导出的数据体格式（以孔隙度模型体数据为例）

I	J	K	$Value$
1	1	1	4.32
2	1	1	4.35
3	1	1	3.24
4	1	1	3.21
5	1	1	2.72
…	…	…	…
268	287	141	5.42

表 6.6　层控取值参数文件

井名	实际层位	I_Index	J_Index	K 范围
H97	长 6_2	165	225	49~96
L200	长 6_3	164	162	97~141
B39	长 6_3	164	250	97~141
L51	长 6_3	248	121	97~141
L258	长 6_1	137	165	1~48
H317	长 6_3	232	275	97~141
…	…	…	…	…
L237	长 6_1	146	164	1~48

本书研究综合考虑了研究区的平均井距和井间砂体连通的范围，确定了基于各口井 I、J 坐标位置周围的 1×1、3×3、5×5 和 7×7 的平面网格作为井控范围；确定了根据每口井的实际生产层位来设置井的层控范围。

通过上述设置，程序按照设计分别计算出产能预测所需的数据体，极大地提高了效率，为接下来的产能预测提供了数据保证。

6.3　BP 神经网络方法预测产能

静态的储层参数与动态的油井产能之间不是简单的线性关系，本书研究应用了 BP 神经网络方法预测产能，其特点是可以模拟复杂的非线性规律，是分析多元非线性关系的一个比较好的方法[87,88]。

6.3.1　基本原理

人工神经网络是一种对人脑部分智慧的模拟，是一种具有人类智慧的信息处理系统，具体表现如下：（1）具有一定的学习能力，不像传统的预测识别方法一样需要建立固定的预测识别规则，而是模拟人脑在实际工作中不断学习、逐步适应，从而掌握模式变换的内在规律，获得预测识别知识，因而，这种知识是智能化的知识。（2）具有高度的容错性，容错性是根据不完全的、有错误的信息作出正确、完整结论的能力。人的大脑具有高度的容错性，大脑的容错性与大脑的分布式存储的组织方式有极为密切的关系。神经网络由于采用了大脑的分布式储层方式，因而具有较好的容错性，使得神经网络预测识别方法是一种智能的预测识别方法。神经网络的预测识别知识是在一定的神经网络结构基础上，根据一定的学习方式，通过向示例自动学习而获得的。

　　BP（Back Propagation）网络是 1986 年出现的一种基于误差反向传播的多层前馈网络，是目前应用最为广泛的神经网络模型之一。BP 神经网络具有如下特点：（1）非线性映射能力，能学习和储存大量输入—输出模式映射关系，因而不需要事先了解描述这种映射关系的数学模型，只要提供足够多的样本数据给神经网络训练学习，BP 网络就能实现由输入层的 N 维空间到输出层的 M 维空间的非线性映射；（2）具有泛化能力，当向网络输入训练未曾见过的非样本数据时，网络也可以完成由输入空间向输出空间的正确映射，即泛化能力；（3）容错能力，输入样本中带有较大的误差甚至个别错误对网络的输入输出规律影响很小。

　　BP 神经网络具有输入层神经元、输出层神经元，还有一层或多层隐藏层神经元（图 6.2）。BP 神经网络是一种有导师学习算法，输入学习样本，使用反向传播算法对网络的权值和偏差进行反复的调整训练，使输出的向量与期望向量尽可能地接近，当网络输出层的误差平方和小于指定的误差时训练完成，记录训练网络的权值和误差。理论上，含有 2 个隐藏层的 BP 网络可以满足任意精度近似任何连续非线性函数。

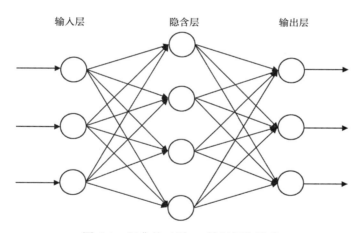

图 6.2　经典的三层 BP 神经网络模式

　　训练 BP 网络的步骤如下：

　　（1）神经网络初始化，给所有连接权值赋予区间（-1，1）内的随机数，设定误差 E、计算精度 ε 及最大学习次数 n。

　　（2）随机选取第 k 个输入样本 $d_o(k)=[d_1(k), d_2(k), \cdots, d_q(k)]$，期望输出 $x(k)=[x_1(k), x_2(k), \cdots, x_n(k)]$。

　　（3）计算隐藏层各神经元的输入和输出。

　　（4）利用网络期望输出和实际输出，计算误差函数对输出层的各神经元的偏导函数 $\delta_o(k)$。

　　（5）使用隐藏层到输出层的连接权值、输出层的 $\delta_o(k)$，以及隐藏层的输出计算误差函数对隐藏层各神经元的偏导数 $\delta_n(k)$。

（6）根据隐藏层各神经元的偏导数 $\delta_n(k)$ 和隐藏层各神经元的输出修正连接权值 $W_{no}(k)$。

（7）利用隐藏层各神经元的 $\delta_n(k)$ 和输入层各神经元的输入修正连接权。

（8）计算全局误差 $E = \dfrac{1}{2m}\sum_{k=1}^{m}\sum_{o=1}^{q}[d_o(k)-y_o(k)]^2$。

（9）判断误差 E 是否满足要求，当误差达到预定精度或学习次数大于设定的最大次数时结束计算，否则选择下一个学习样本进入步骤（3）继续学习直至满足结束条件。

训练 BP 网络的取样数据须满足条件如下：（1）遍历性，即选取出来的样本要有代表性，能覆盖全体样本空间。本书中每个聚类部分都选取部分样本作为训练输入层数据。（2）相容性，即选取出来的样本不能自相矛盾。（3）致密性，即选取的样本要有一定的数量，以确保训练的效果。（4）相关性，即训练样本中各输入值与目标值要有一定的相关性，训练样本集合中输入参数之间线性无关。为保证 BP 网络能够快速收敛，目标输入层和输出层的数据通常需要归一化到 -1 到 1 区间。

使用神经网络预测储层的油气产能，在一定程度上避免了建立产能与储层物性、含油性和有效厚度之间复杂函数关系的过程，只需要选取已知数据作为训练数据，就可以很容易建立储层的产能预测模型[89-91]。

6.3.2 产能预测方案设计

综合工区试油、生产数据，得到环江油田生产井长 6 油层组近 3 个月的日平均生产数据，以此作为训练数据，以研究区三维地质模型提供的数据体为基础，结合进行产能预测。根据模型得出井控层控范围约束的储层孔隙度、渗透率、含油饱和度、NTG、渗透率变异系数、突进系数和极差等数据，利用 BP 神经网络方法建立与单井日均产能复杂的非线性映射关系。

通过前述的网络训练方法得到适用于研究区长 6 油层组各层的连接权重和阈值后，即可应用该模型对研究区进行产能预测。具体操作流程如下：

（1）首先设计人工神经网络结构，采用 3 层网络结构，选择孔隙度、渗透率、含油饱和度、净毛比（NTG）、渗透率变异系数、突进系数和极差 7 个预测参数作为 BP 网络的输入层神经元，以日均产量作为输出层神经元，结合输出数据的实际情况，隐含层设计了 2 层结构，每层都设计了 10 个隐层神经元，构成储层产能预测的 BP 网络模型（图 6.3）。

（2）选取 H317、G191、L241、L258、L151、H2 和 L23 等 30 口井的数据作为训练样本数据训练 BP 神经网络，结合实际情况，设定训练的最大迭代次数为 2×10^4 次，网络的收敛误差为 0.5×10^{-4}。

（3）通过网络训练得到适合于全地区的连接权重和阈值后，就可以使用该模式对基于三维地质模型计算出的属性进行预测，按照 BP 神经网络训练步骤，把基于单井的实际数据作为训练数据，把基于模型计算出的属性数据作为预测数据，对预测的产能所对应级别和单井实际的产能级别进行对比，求出二者之间的符合率。

（4）基于三维地质模型的产能评价的参数是由确定性建模方法、序贯指示方法和多点地质统计学方法 3 种建模方法相控得到的属性模型计算而来的，首先分别优选出 3 种方法

78

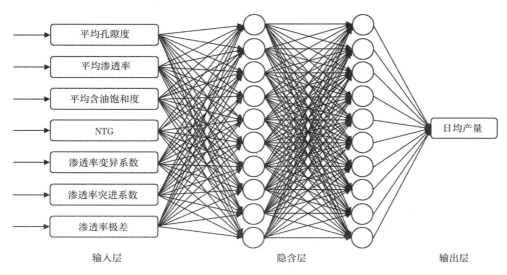

图 6.3　环江地区长 6 油层组 BP 神经网络产能预测模型

相控约束下的模型数据体预测结果和单井实际产能进行对比，比较二者的符合率，优选出符合率好的建模方法。

（5）用优选出的方法评价不同井控范围内的预测产能与单井实际产能的符合率，最终优选出符合率最好的井控层控范围，此方案可以用来预测研究区其他位置的产能。

BP 神经网络要求训练数据和预测数据各输入神经元的单位和量纲必须相同，因此对长 6 油层组的单井产能训练数据表进行适当的修改，将地层有效厚度通过计算转换为砂地比，这样就基本等效于模型中的 NTG（净毛比）。表 6.7 为修改后的环江地区长 6 油层组单井产能训练数据表。

表 6.7　环江地区长 6 油层组单井产能训练数据表（修改后）

| 井号 | 层位 | 输入层 | | | | | | | 输出层 | 产能级别 |
		孔隙度 %	渗透率 mD	含油饱和度,%	砂地比	变异系数	突进系数	极差	日均产量 t	
H97	长 6_2	9.03	0.10	55.55	0.38	0.50	2.35	6.68	0.18	Ⅲ
L200	长 6_3	7.55	0.04	46.34	0.31	0.38	2.15	4.42	0.20	Ⅲ
B39	长 6_3	9.27	0.07	66.02	0.29	0.84	4.23	27.10	0.31	Ⅲ
L51	长 6_3	7.74	0.04	41.30	0.19	1.12	5.83	75.25	0.34	Ⅲ
L258	长 6_1	11.67	0.18	54.57	0.18	0.64	2.76	45.80	0.36	Ⅲ
H317	长 6_3	8.02	0.04	49.17	0.14	1.32	9.12	31.17	0.42	Ⅲ
L249	长 6_1	8.67	0.13	67.97	0.16	0.88	3.57	26.64	0.46	Ⅲ
L241	长 6_2	8.32	0.09	48.43	0.35	0.60	3.13	9.56	0.48	Ⅲ
G230	长 6_2	9.65	0.13	41.82	0.19	0.94	4.89	20.50	0.54	Ⅱ
H316	长 6_3	7.70	0.04	37.71	0.31	0.90	4.68	20.07	0.71	Ⅱ

井号	层位	输入层							输出层	产能级别
		孔隙度 %	渗透率 mD	含油饱和度,%	砂地比	变异系数	突进系数	极差	日均产量 t	
G191	长 6_1	10.27	0.12	43.52	0.30	0.59	3.09	12.34	0.81	II
G245	长 6_3	7.89	0.04	65.91	0.22	0.74	3.78	15.82	0.93	II
L151	长 6_3	7.66	0.04	52.60	0.29	0.52	3.26	9.38	1.45	II
H115	长 6_1	11.15	0.16	51.49	0.30	0.86	5.18	23.47	1.85	I
H307	长 6_3	8.18	0.05	54.92	0.36	1.17	7.83	38.11	2.00	I
H2	长 6_3	8.26	0.05	67.36	0.45	0.42	2.70	6.11	2.08	I
L23	长 6_3	10.53	0.11	45.05	0.48	0.93	6.13	42.46	2.14	I
L238	长 6_3	8.62	0.06	58.59	0.32	0.49	3.51	10.94	2.34	I
G11	长 6_1	10.74	0.16	37.07	0.33	0.90	5.66	27.00	0.90	II
G54	长 6_1	11.25	0.19	45.15	0.51	0.53	2.43	6.73	0.27	III
G197	长 6_1	9.58	0.10	43.07	0.27	0.73	4.64	41.36	1.02	II
G243	长 6_1	11.01	0.16	42.80	0.33	0.63	2.96	13.64	0.22	III
G246	长 6_1	10.21	0.17	46.26	0.51	0.54	2.66	8.51	1.46	II
G281	长 6_1	11.28	0.12	56.53	0.35	0.59	3.30	14.52	0.31	III
G286	长 6_1	9.80	0.12	45.19	0.44	0.59	3.08	11.23	1.30	II
H117	长 6_1	11.05	0.11	40.66	0.10	0.83	3.07	17.70	0.25	III
H163	长 6_1	10.40	0.16	37.91	0.51	0.49	2.81	7.00	0.26	III
H164	长 6_1	11.05	0.16	43.43	0.44	0.48	2.99	11.05	1.27	II
L38	长 6_1	10.95	0.10	39.85	0.24	0.37	2.29	13.23	0.56	II
L53	长 6_1	10.35	0.15	42.52	0.28	0.95	3.16	19.67	1.81	I

本次通过适当修改 Matlab R2014a 软件神经网络工具箱中的 BP 算法实现产能的预测,改进并实现了直接从 Excel 中提取整理好的训练数据进行网格的训练。下面列出编写的源代码部分。

（1）BP 神经网络训练部分源代码如下:

```
%主要功能：训练和验证 BP 神经网络网络
clear; clc
close all;
%% =====选择训练样本数据
%  msgbox（'请在后面的对话框中，选择训练数据'）
    [filename, pathname, fileindex] = uigetfile（'*.*', '选择训练 Excel 文件', '*.*', 'Multiselect', 'on'）;
        if ischar（filename） %只有选择了文件才进行以下计算
            DirName = [pathname filename];
        else
```

```
        error（'选择了一个空文件'）;
    end

      .
［ndata，text，data］　 = xlsread（DirName）;%读 Excel 文件

clear ndata;%删除变量
clear text;%删除变量

［row，col］＝size（data）;%文件作为集合的大小
%＝＝＝＝＝＝＝＝＝＝＝＝＝＝＝＝＝＝＝＝＝＝＝＝＝＝
r＝2;%1 无表头　　2 无表头
c＝2;%1 无列头　　2 有列头
ycn＝1;
%＝＝＝＝＝＝＝＝＝＝＝＝＝＝＝＝＝＝＝＝＝＝＝＝＝＝
if r＝＝2
biaotou＝data（1,:）;%cell 类型，表头
else
    biaotou＝［］;
end

if c＝＝2
lietou＝data（2：end，1）;%cell 类型，列头
else
  lietou＝［］;
end

samp＝zeros（row，col）;%数据的初始化
for i＝r：row %去除 excel 文件的前两行，从第 2 行开始，遍历每一行
    for j＝c：col %从第 k 列开始，遍历每一列
    tmp＝data{i，j};%取出 Excel 中的每个数据
      if ischar（tmp）
    samp（i，j）＝str2double（tmp）;%复制到测试数据矩阵中
    else
      samp（i，j）＝tmp;
    end
    end
end
samp＝samp（r：end，c：end）;%去除 Excel 文件的前一行，第一列
%% ＝＝＝＝＝选择训练样本数据完毕
```

```
srcsamp=samp;
xcn=size（samp, 2）-ycn;
%输入样本数据，每行一个样本

［all, x_ ps, y_ ps］=maxmin_ guiyihua（samp, xcn, ycn）;% 最大最小值归
一化，samp 每行一个 X 和 Y，返回也是按照行返回
if r==1 & c==1; save_excel（'./程序运行结果数据/训练数据归一化后的结果
.xlsx', all）; end
if r==2 & c==1; save_excel（'./程序运行结果数据/训练数据归一化后的结果
.xlsx', all, biaotou）; end
if r==2 & c==2; save_excel（'./程序运行结果数据/训练数据归一化后的结果
.xlsx', all, biaotou, lietou）; end

samp=all;
test=all;
srctest=all; %保存原来的值

sampin=samp（:, 1: xcn）; % 神经网络的输入

%输出样本，每行一个数据
sampout=samp（:, xcn+1: xcn+ycn）; % 神经网络的输出

%验证样本
confirm_in=test（:, 1: xcn）;
confirm_out=test（:, xcn+1: xcn+ycn）;

%定义一个 3 层网络 BP
nod1num=10; %隐含层第一层节点数
nod2num=10; %隐含层第二层节点数
outnum=ycn; %输出层节点数
TF1=' tansig'; %sig 函数作为隐含层的传递函数
TF2=' tansig'; %sig 函数作为隐含层的传递函数
TFout=' purelin'; %purelin 函数，即纯线性函数作为输出层的传递函数
BTF=' traingd';
sampin=sampin'; %转置矩阵
sampout=sampout'; %转置矩阵
net=newff（minmax（sampin）, ［nod1num, nod2num, outnum］, ｛TF1, TF2,
TFout｝, BTF）; % 输入和输出，以列为单位

net=init（net）; %初始化
net. trainParam. epochs=2e4; %训练次数
```

```matlab
net. trainParam. goal =0. 5e-3; %最小全局误差，不宜过度拟合

[net，tr，Y，E，Pf，Af] =train（net，sampin，sampout）;%训练网络
% fig = plotperf（tr）;
figure
plotperform（tr）;
confirm_in =confirm_in´; %矩阵转置
confirm_out =confirm_out'; %矩阵转置
simout =sim（net，confirm_in）;% 计算验证数据

%反归一化
simout = mapminmax（' reverse'，simout，y_ps）;%输入与返回都是按照列为一个数据
confirm_out = mapminmax（' reverse'，confirm_out，y_ps）;%输入与返回都是按照列为一个数据
simout =simout'; %转置
confirm_out =confirm_out'; %转置
save net %保存网络
```

（2）BP 神经网络的预测部分源代码如下：

```matlab
clear; clc
close all;
%功能：运用已经训练的网络做预测，仅仅输入 X，不输入 Y
load net. mat %读入 BP_train. m 产生的训练好的网络

str= {' 验证模型：与真实值对比（预测表里有 Y 值）',' 做预测：不与真实值对比' };
[Selection，ok] = listdlg（' PromptString',' 请选择 BP 种类:'，...
                    ' SelectionMode',' single'，...
                    ' ListSize'，[200 100]，....
                    ' ListString'，str）;

%% = = = = =选择训练样本数据
%     msgbox（' 请在后面的对话框中，选择训练数据'）
    [filename，pathname，fileindex] =uigetfile（' *. xls *',' 选择训练 Excel 文件',' *. xls *',' Multiselect',' on' ）;
    if ischar（filename） %只有选择了文件才进行以下计算
        DirName = [pathname filename];
    else
        error（' 选择了一个空文件'）;
    end
```

```
[ndata, text, data]    = xlsread (DirName);%读 Excel 文件

clear ndata;%删除变量
clear text;%删除变量

[row, col] = size (data);%文件作为集合的大小

%cell 类型表头，使用训练时的表头
%========================
r=2;% 值：1 无表头    2 无表头
c=2;% 值：1 无列头    2 有列头
xcn=7;%需要修改
ycn=1;%输出量的个数
%========================

if r==2
biaotou=data (1,:); %cell 类型表头
else
    biaotou= [];
end

if c==2
lietou=data (2：end, 1); %cell 类型，列头
else
lietou= [];
end

samp=zeros (row, col);%测试数据的初始化
for i=r: row %去除 excel 文件的前两行，从第 2 行开始，遍历每一行
    for j=c: col %从第 2 列开始，遍历每一列
    tmp=data {i, j};%取出 Excel 中的每个数据
      if ischar (tmp)
    samp (i, j) = str2double (tmp);%复制到测试数据矩阵中
    else
      samp (i, j) = tmp;
    end
    end
end
samp=samp (r: end, c: end);%去除 Excel 文件的前一行，第一列
%% =====选择预测样本数据完毕
```

```
%输入样本数据，每行一个样本

if ok == 1 &　Selection == 1　　%对比
        xcn = size（samp, 2）-ycn;
        confirm_out = samp（:, xcn+1: xcn+ycn）; % 真实值
end
  if ok == 1 &　Selection == 2　%只预测
    if c == 1 biaotou = biaotou（1: xcn）; end %无列头
    if c == 2 biaotou = biaotou（1: xcn+1）; end %有列头
  end

all = mapminmax（'apply', samp（:, 1: xcn）', x_ps）; %运用训练数据的最
大最小值进行归一化，以列为一个数
all = all';
save_excel（'./程序运行结果数据/验证或预测数据归一化后的 X 数据.xlsx', all）;

%测试样本
confirm_in = all（:, 1: xcn）;
confirm_in = confirm_in'; %矩阵转置
simout = sim（net, confirm_in）; % 预测

%反归一化
        simout = abs（mapminmax（'reverse', simout, y_ps））;
        simout = simout'; %转置

%保存预测结果
        confirm_in = mapminmax（'reverse', confirm_in, x_ps）; %反归一化
        confirm_in = confirm_in';
        shuru = num2cell（confirm_in）;
        shuchu = num2cell（simout）;
        biaovalue = [lietou, shuru, shuchu]; %列头+输入 X+预测的 Y
         if Selection == 2 %做预测
            biaotou = [biaotou,'预测结果'];
            biao = [biaotou; biaovalue];
         else %做验证
            biao = [biaotou; biaovalue];
         end
        if（Selection == 1）
        veiw_duibi（confirm_out, simout,'验证数据的'） %查看对比情况
        [R, R2] = shandiantu（confirm_out, simout）;
        delete（'./程序运行结果数据/验证结果数据.xlsx'）;
```

```
    xlswrite（'./程序运行结果数据/验证结果数据.xlsx'，[biao]）；
    [MSE RMSE MBE MAE] = MSE_RMSE_MBE_MAE（confirm_out，simout）；
    fprintf（'相关系数 R：%1.2f R 方：%1.2f    MSE：%1.2f    RMSE：%1.2f
MAE：%1.2f    MBE：%1.2f    \n'，R，R2，MSE，RMSE，MAE，MBE）；
    msgbox（'预测完成，请查看：验证结果数据.xlsx'）；
    else
    delete（'./程序运行结果数据/预测结果数据.xlsx'）；
    xlswrite（'./程序运行结果数据/预测结果数据.xlsx'，[biao]）；
    msgbox（'预测完成，请查看：预测结果数据.xlsx'）；
end
```

对所训练出的神经网络模型进行验证，网络的训练过程如图 6.4 所示。图 6.5 显示了神经网络模型验证结果。从图 6.4 中可以看出，迭代到 11396 次网络即达到设定误差收敛，仅用时 15s，预测产能与实际产能两者之间的相关系数 R^2 达到 0.9987，效果非常好，验证了网络设计及训练的有效性和准确性，为接下来准确地预测产能提供了技术保证。

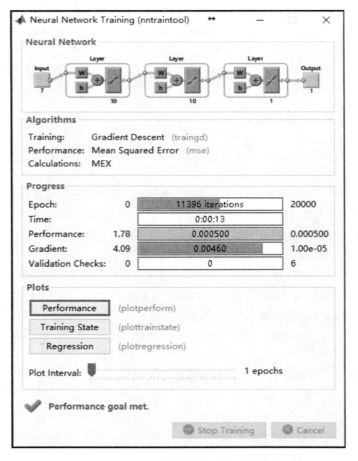

图 6.4   BP 神经网络训练过程

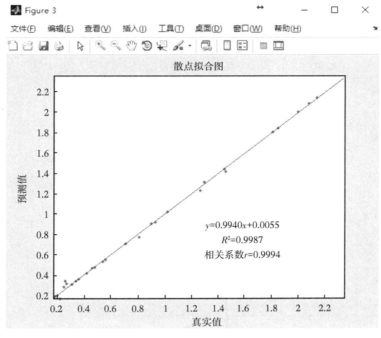

图 6.5　神经网络模型验证结果

6.4　产能预测结果分析

基于三维地质模型的产能评价参数是由确定性建模方法、序贯指示建模方法和多点地质统计学建模方法相控得到的模型属性体计算而来的，首先需要知道何种方法相控约束下的模型数据体预测结果好，预测结果和单井实际产能的级别进行对比，分析二者的符合率，优选出符合率最好的相控建模方法进行研究。

由于层控范围是由各口井的实际产层位置决定的，因此只需要考虑各口井的井控范围，首先在井控 1×1 网格（单井）范围的 3 种方法相控约束得到的属性数据基础上，分析预测产能与实际产能的符合情况，优选出符合率高的方法。在该方法相控约束下得到的属性体数据，再按照井控 3×3 网格范围、5×5 网格范围和 7×7 网格范围，分别分析预测产能与实际产能的符合率，最终优选出合适岩相建模方法相控约束下的井控层控范围，以此方案来预测工区其他位置的产能。

6.4.1　不同相控建模方法适用性分析

6.4.1.1　确定性建模方法约束下的产能预测

应用前面建立的神经网络产能预测模式，针对环江地区长 6 储层进行产能预测，表 6.8 为确定性方法相控约束下的单井产能预测数据表，与整理出的训练数据表结合来预测产能。表 6.9 和图 6.6 显示了实际产能与预测产能的对比情况。

基于地质模型的油气储层产能评价方法及应用

表6.8 确定性方法相控约束下的单井产能预测数据表

井号	层位	孔隙度,%	渗透率,mD	含油饱和度,%	NTG	变异系数	突进系数	极差
H97	长6₂	8.18	0.13	30.80	0.46	0.87	4.16	41.30
L200	长6₃	8.30	0.18	34.33	0.51	0.82	4.10	22.18
B39	长6₃	8.02	0.24	37.62	0.53	1.18	5.38	35.69
L51	长6₃	7.58	0.27	41.81	0.78	1.79	7.01	118.25
L258	长6₁	7.84	0.08	33.03	0.48	1.03	4.15	23.71
H317	长6₃	6.35	0.04	34.27	0.42	0.56	2.41	7.23
L249	长6₁	8.28	0.09	38.19	0.50	1.02	6.83	44.86
L241	长6₂	8.50	0.29	23.55	0.42	1.18	5.81	88.95
G230	长6₂	8.62	0.18	34.12	0.63	0.87	3.99	20.53
H316	长6₃	8.53	0.23	21.43	0.36	1.39	5.53	40.29
G191	长6₁	10.17	0.38	28.28	0.42	0.86	4.73	29.06
G245	长6₃	7.63	0.09	64.58	0.98	0.74	3.61	21.19
L151	长6₃	7.42	0.09	38.16	0.67	1.22	6.40	36.00
H115	长6₁	11.52	0.32	33.06	0.60	0.98	4.27	57.67
H307	长6₁	8.93	0.22	41.36	0.58	0.75	3.43	16.84
H2	长6₃	8.79	0.21	49.88	0.67	0.75	3.36	17.64
L23	长6₃	10.44	0.40	36.68	0.62	0.69	2.78	29.58
L238	长6₃	8.67	0.24	43.45	0.64	0.73	3.45	27.97
G11	长6₁	11.56	0.38	24.64	0.35	0.53	3.35	9.52
G54	长6₁	10.82	0.28	48.36	0.81	1.08	4.98	34.22
G197	长6₁	9.61	0.24	50.12	0.60	1.12	5.31	21.25
G243	长6₁	11.53	0.54	37.99	0.58	0.71	2.94	15.50
G246	长6₁	10.59	0.80	52.11	0.79	0.90	2.95	41.30
G281	长6₁	9.67	0.31	48.32	0.79	1.01	4.23	50.31
G286	长6₁	9.95	0.24	38.41	0.63	0.67	3.02	14.33
H117	长6₁	10.30	0.35	35.33	0.56	0.80	2.86	61.56
H163	长6₁	10.32	0.23	31.83	0.56	0.73	4.19	14.88
H164	长6₁	10.89	0.36	39.11	0.69	0.91	5.15	39.04
L38	长6₁	10.14	0.22	35.02	0.63	0.93	3.99	26.00
L53	长6₁	11.43	0.43	40.35	0.65	1.05	4.82	65.28

88

表 6.9　实际产能与预测产能对比表（确定性建模方法）

井号	层位	生产结果		预测结果		符合情况
		日均产量，t	产能级别	日均产量，t	产能级别	
H97	长 6_2	0.18	Ⅲ	0.22	Ⅲ	√
L200	长 6_3	0.20	Ⅲ	0.90	Ⅱ	×
B39	长 6_3	0.31	Ⅲ	0.23	Ⅲ	√
L51	长 6_3	0.34	Ⅲ	1.67	Ⅰ	×
L258	长 6_1	0.36	Ⅲ	0.07	Ⅲ	√
H317	长 6_3	0.42	Ⅲ	0.16	Ⅲ	√
L249	长 6_1	0.46	Ⅲ	1.11	Ⅱ	×
L241	长 6_2	0.48	Ⅲ	0.96	Ⅱ	×
G230	长 6_2	0.54	Ⅱ	0.43	Ⅲ	×
H316	长 6_3	0.71	Ⅱ	0.38	Ⅲ	×
G191	长 6_1	0.81	Ⅱ	1.12	Ⅱ	√
G245	长 6_3	0.93	Ⅱ	1.23	Ⅱ	√
L151	长 6_3	1.45	Ⅱ	0.68	Ⅱ	√
H115	长 6_1	1.85	Ⅰ	1.35	Ⅱ	×
H307	长 6_3	2.00	Ⅰ	1.13	Ⅱ	×
H2	长 6_3	2.08	Ⅰ	1.78	Ⅰ	√
L23	长 6_3	2.14	Ⅰ	1.31	Ⅱ	×
L238	长 6_3	2.34	Ⅰ	1.95	Ⅰ	√
G11	长 6_1	0.90	Ⅱ	1.19	Ⅱ	√
G54	长 6_1	0.27	Ⅲ	0.52	Ⅱ	×
G197	长 6_1	1.02	Ⅱ	0.81	Ⅱ	√
G243	长 6_1	0.22	Ⅲ	0.55	Ⅱ	×
G246	长 6_1	1.46	Ⅱ	1.42	Ⅱ	√
G281	长 6_1	0.31	Ⅲ	0.57	Ⅱ	×
G286	长 6_1	1.30	Ⅱ	1.24	Ⅱ	√
H117	长 6_1	0.25	Ⅲ	1.21	Ⅱ	×
H163	长 6_1	0.26	Ⅲ	0.28	Ⅲ	√
H164	长 6_1	1.27	Ⅱ	0.86	Ⅱ	√
L38	长 6_1	0.56	Ⅱ	0.43	Ⅲ	×
L53	长 6_1	1.81	Ⅰ	1.27	Ⅱ	×

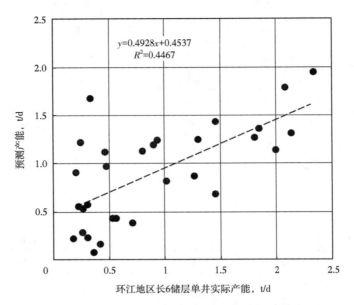

图 6.6　预测产能与实际产能对比图（确定性建模方法）

从预测结果与实际生产结果的产能级别的符合情况（表 6.9 和图 6.6）来看，产能预测符合率只有 50%，预测产能与实际产能的回归相关系数 R^2 约为 0.45，预测效果不太理想。

6.4.1.2　序贯指示方法约束下的产能预测

表 6.10 为序贯指示方法相控约束下的单井产能预测数据表。

表 6.10　序贯指示方法相控约束下的单井产能预测数据表

井号	层位	孔隙度，%	渗透率，mD	含油饱和度,%	NTG	变异系数	突进系数	极差
H97	长 6_2	7.32	0.08	43.05	0.35	1.70	9.69	39.26
L200	长 6_3	7.60	0.04	34.65	0.38	0.49	2.27	5.37
B39	长 6_3	7.76	0.05	36.33	0.36	0.62	2.73	12.50
L51	长 6_3	7.31	0.04	38.80	0.44	0.87	4.62	29.71
L258	长 6_1	8.19	0.09	36.62	0.38	1.05	5.11	240.00
H317	长 6_3	6.01	0.03	32.26	0.11	0.41	2.48	11.17
L249	长 6_1	7.74	0.08	28.91	0.27	0.86	4.99	32.83
L241	长 6_2	6.91	0.05	38.49	0.42	0.57	2.93	8.78
G230	长 6_2	7.82	0.12	32.38	0.35	1.85	11.25	84.38
H316	长 6_3	7.71	0.05	38.96	0.56	0.69	4.25	15.50
G191	长 6_1	9.77	0.13	31.96	0.38	0.78	3.98	15.53
G245	长 6_3	7.18	0.04	54.92	0.47	0.39	1.92	6.27
L151	长 6_3	7.48	0.04	52.51	0.69	0.44	2.77	9.82
H115	长 6_1	10.88	0.16	45.90	0.90	0.65	3.12	12.19
H307	长 6_3	7.50	0.04	38.61	0.49	0.44	2.80	6.30

续表

井号	层位	孔隙度，%	渗透率，mD	含油饱和度,%	NTG	变异系数	突进系数	极差
H2	长 6_3	8.03	0.05	52.80	0.69	0.67	4.43	10.20
L23	长 6_3	9.55	0.09	31.76	0.44	0.70	4.15	22.31
L238	长 6_3	8.40	0.05	44.48	0.60	0.50	3.17	10.06
G11	长 6_1	10.91	0.16	30.79	0.40	0.83	5.16	20.77
G54	长 6_1	10.46	0.14	41.10	0.75	0.50	2.38	6.73
G197	长 6_1	8.68	0.08	28.54	0.31	0.34	2.03	4.59
G243	长 6_1	10.54	0.15	37.83	0.63	0.74	4.25	12.92
G246	长 6_1	10.40	0.12	44.44	0.77	0.53	2.53	7.51
G281	长 6_1	10.26	0.14	45.58	0.71	0.85	5.55	31.52
G286	长 6_1	9.54	0.11	41.63	0.77	0.57	3.25	11.23
H117	长 6_1	9.80	0.14	42.06	0.75	0.69	3.35	13.50
H163	长 6_1	9.95	0.13	30.61	0.44	0.57	2.98	13.78
H164	长 6_1	10.56	0.14	36.32	0.65	0.47	2.20	7.04
L38	长 6_1	8.94	0.08	33.32	0.46	0.44	1.86	14.30
L53	长 6_1	11.07	0.23	34.82	0.58	1.10	5.11	31.45

表 6.11 和图 6.7 显示了实际产能与预测产能的对比情况。

表 6.11 实际产能与预测产能对比表（序贯指示方法）

井号	层位	生产结果		预测结果		符合情况
		日均产量，t	产能级别	日均产量，t	产能级别	
H97	长 6_2	0.18	Ⅲ	0.47	Ⅲ	√
L200	长 6_3	0.20	Ⅲ	0.76	Ⅱ	×
B39	长 6_3	0.31	Ⅲ	0.43	Ⅲ	√
L51	长 6_3	0.34	Ⅲ	0.75	Ⅱ	×
L258	长 6_1	0.36	Ⅲ	0.62	Ⅱ	×
H317	长 6_3	0.42	Ⅲ	0.80	Ⅱ	×
L249	长 6_1	0.46	Ⅲ	0.76	Ⅱ	×
L241	长 6_2	0.48	Ⅲ	0.33	Ⅲ	√
G230	长 6_2	0.54	Ⅱ	0.92	Ⅱ	√
H316	长 6_3	0.71	Ⅱ	1.26	Ⅱ	√
G191	长 6_1	0.81	Ⅱ	0.86	Ⅱ	√
G245	长 6_3	0.93	Ⅱ	0.46	Ⅲ	×
L151	长 6_3	1.45	Ⅱ	1.47	Ⅱ	√
H115	长 6_1	1.85	Ⅰ	2.17	Ⅰ	√
H307	长 6_3	2.00	Ⅰ	1.63	Ⅰ	√
H2	长 6_3	2.08	Ⅰ	1.45	Ⅱ	×

91

续表

井号	层位	生产结果		预测结果		符合情况
		日均产量，t	产能级别	日均产量，t	产能级别	
L23	长6₃	2.14	I	2.03	I	√
L238	长6₃	2.34	I	2.06	I	√
G11	长6₁	0.90	II	1.27	II	√
G54	长6₁	0.27	III	0.76	II	×
G197	长6₁	1.02	II	1.30	II	√
G243	长6₁	0.22	III	1.28	II	×
G246	长6₁	1.46	II	1.76	I	×
G281	长6₁	0.31	III	1.55	I	×
G286	长6₁	1.30	II	2.57	I	×
H117	长6₁	0.25	III	0.61	II	×
H163	长6₁	0.26	III	0.67	II	×
H164	长6₁	1.27	II	1.83	I	×
L38	长6₁	0.56	II	0.66	II	√
L53	长6₁	1.81	I	1.66	I	√

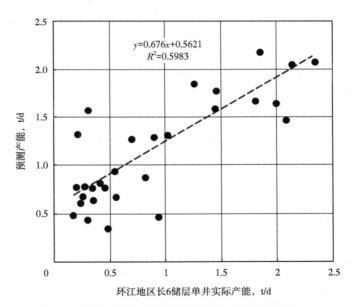

图 6.7 预测产能与实际产能对比图（序贯指示方法）

从预测结果与实际生产结果的产能级别的符合情况（表 6.11 和图 6.7）来看，产能预测符合率为 53%，预测产能与实际产能的回归相关系数 R^2 约为 0.60，基于序贯指示相控约束下的产能预测效果比确定性方法有所提高。

6.4.1.3　多点地质统计学方法约束下的产能预测

表 6.12 为多点地质统计学方法相控约束下的单井产能预测数据表。

表 6.12　多点地质统计学方法相控约束下的单井产能预测数据表

井号	层位	孔隙度，%	渗透率，mD	含油饱和度，%	NTG	变异系数	突进系数	极差
H97	长 6_2	7.49	0.05	43.14	0.42	0.50	2.35	6.68
L200	长 6_3	7.12	0.04	34.57	0.31	0.38	2.15	4.42
B39	长 6_3	8.03	0.06	36.10	0.29	0.84	4.23	27.10
L51	长 6_3	8.35	0.17	39.43	0.58	2.15	9.08	140.27
L258	长 6_1	8.64	0.08	36.51	0.44	0.64	2.76	45.80
H317	长 6_3	6.92	0.04	32.08	0.24	1.32	9.12	31.17
L249	长 6_1	7.57	0.08	29.14	0.29	0.88	3.57	26.64
L241	长 6_2	6.90	0.05	38.31	0.46	0.60	3.13	9.56
G230	长 6_2	8.38	0.11	32.20	0.42	0.94	4.89	20.50
H316	长 6_3	7.80	0.06	39.25	0.60	0.90	4.68	20.07
G191	长 6_1	9.98	0.13	32.05	0.40	0.59	3.09	12.34
G245	长 6_3	7.59	0.05	54.75	0.47	0.74	3.78	15.82
L151	长 6_3	7.98	0.05	52.41	0.82	0.52	3.26	9.38
H115	长 6_1	10.52	0.16	45.66	0.88	0.86	5.18	23.47
H307	长 6_3	7.76	0.06	38.64	0.51	1.67	11.83	38.11
H2	长 6_3	7.94	0.04	52.67	0.73	0.42	2.70	6.11
L23	长 6_3	9.40	0.09	31.92	0.44	0.93	6.13	42.46
L238	长 6_3	8.35	0.05	44.57	0.60	0.49	3.51	10.94
G11	长 6_1	10.51	0.14	30.84	0.38	0.90	5.66	27.00
G54	长 6_1	10.35	0.13	41.34	0.75	0.53	2.43	6.73
G197	长 6_1	9.17	0.10	28.71	0.35	0.73	4.64	41.36
G243	长 6_1	10.54	0.15	37.80	0.56	0.63	2.96	13.64
G246	长 6_1	10.16	0.11	44.39	0.77	0.54	2.66	7.51
G281	长 6_1	9.71	0.11	45.54	0.73	0.59	3.30	14.52
G286	长 6_1	9.64	0.11	41.83	0.79	0.59	3.08	11.23
H117	长 6_1	10.48	0.17	41.95	0.77	0.83	4.07	17.70
H163	长 6_1	10.19	0.13	30.54	0.44	0.49	2.81	7.00
H164	长 6_1	10.56	0.14	36.37	0.69	0.48	2.99	11.05
L38	长 6_1	8.90	0.08	33.34	0.48	0.37	2.29	13.23
L53	长 6_1	10.50	0.17	34.96	0.58	0.95	4.16	19.67

表 6.13 和图 6.8 显示了实际产能与预测产能的对比情况。

表 6.13　实际产能与预测产能对比表（多点地质统计学方法）

井号	层位	生产结果		预测结果		符合情况
		日均产量，t	产能级别	日均产量，t	产能级别	
H97	长 6_2	0.18	Ⅲ	0.55	Ⅱ	×
L200	长 6_3	0.20	Ⅲ	0.15	Ⅲ	√
B39	长 6_3	0.31	Ⅲ	0.49	Ⅲ	√
L51	长 6_3	0.34	Ⅲ	1.27	Ⅱ	×
L258	长 6_1	0.36	Ⅲ	1.06	Ⅱ	×
H317	长 6_3	0.42	Ⅲ	0.45	Ⅲ	√
L249	长 6_1	0.46	Ⅲ	0.11	Ⅲ	√
L241	长 6_2	0.48	Ⅲ	0.33	Ⅲ	√
G230	长 6_2	0.54	Ⅱ	0.19	Ⅲ	×
H316	长 6_3	0.71	Ⅱ	0.64	Ⅱ	√
G191	长 6_1	0.81	Ⅱ	0.57	Ⅱ	√
G245	长 6_3	0.93	Ⅱ	0.90	Ⅱ	√
L151	长 6_3	1.45	Ⅱ	0.94	Ⅱ	√
H115	长 6_1	1.85	Ⅰ	2.27	Ⅰ	√
H307	长 6_3	2.00	Ⅰ	1.97	Ⅰ	√
H2	长 6_3	2.08	Ⅰ	2.19	Ⅰ	√
L23	长 6_3	2.14	Ⅰ	1.28	Ⅱ	×
L238	长 6_3	2.34	Ⅰ	2.12	Ⅰ	√
G11	长 6_1	0.90	Ⅱ	0.21	Ⅲ	×
G54	长 6_1	0.27	Ⅲ	0.46	Ⅲ	√
G197	长 6_1	1.02	Ⅱ	0.38	Ⅲ	×
G243	长 6_1	0.22	Ⅲ	0.61	Ⅱ	×
G246	长 6_1	1.46	Ⅱ	1.47	Ⅱ	√
G281	长 6_1	0.31	Ⅲ	0.67	Ⅱ	×
G286	长 6_1	1.30	Ⅱ	1.49	Ⅱ	√
H117	长 6_1	0.25	Ⅲ	0.95	Ⅱ	×
H163	长 6_1	0.26	Ⅲ	0.46	Ⅲ	√
H164	长 6_1	1.27	Ⅱ	1.78	Ⅰ	×
L38	长 6_1	0.56	Ⅱ	0.25	Ⅲ	×
L53	长 6_1	1.81	Ⅰ	1.69	Ⅰ	√

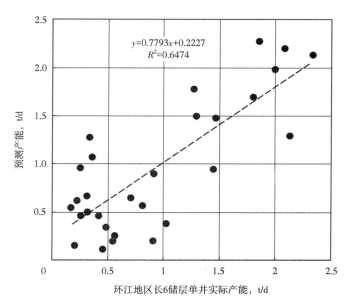

图 6.8　预测产能与实际产能对比图（多点地质统计学方法）

　　从预测结果与实际生产结果的产能级别的符合情况（表 6.13 和图 6.8）来看，产能预测符合率为 60%，预测产能与实际产能的回归相关系数 R^2 约为 0.65，基于多点地质统计学相控约束下的产能预测方法能够基本预测单井产能。

6.4.1.4　建模方法适用性分析

　　由上述 3 种建模方法预测的结果对比可以看出，多点地质统计学方法相控约束下的属性模型数据体预测效果最好，产能预测符合率为 60%，回归相关系数 R^2 约为 0.65；其次是序贯指示随机模拟方法，产能预测符合率为 53%，回归相关系数 R^2 约为 0.60；而确定性方法效果最差，产能预测符合率仅为 50%，回归相关系数 R^2 约为 0.45。

　　结合对比的结果，优选出适合研究区的多点地质统计学方法相控约束下的属性模型数据体来预测产能，接着预测井控 3×3 网格范围、5×5 网格范围、7×7 网格范围的预测产能和实际产能符合情况。

6.4.2　多点地质统计学建模方法约束下不同网格范围的产能预测

6.4.2.1　井控 3×3 网格范围

　　表 6.14 为井控 3×3 网格范围产能预测数据表。

表 6.14　井控 3×3 网格范围产能预测数据表

井号	层位	孔隙度，%	渗透率，mD	含油饱和度，%	NTG	变异系数	突进系数	极差
H97	长 6_2	7.34	0.05	42.90	0.37	0.54	2.93	14.36
L200	长 6_3	7.02	0.04	33.50	0.22	0.44	0.31	0.75
B39	长 6_3	7.60	0.06	35.39	0.28	1.36	22.51	196.14
L51	长 6_3	8.38	0.17	39.72	0.56	2.12	9.32	193.38
L258	长 6_1	8.40	0.08	36.09	0.45	0.69	5.13	131.67

续表

井号	层位	孔隙度,%	渗透率,mD	含油饱和度,%	NTG	变异系数	突进系数	极差
H317	长6₃	6.87	0.04	32.32	0.24	0.94	10.39	37.40
L249	长6₁	7.36	0.08	28.08	0.28	0.96	8.03	105.67
L241	长6₂	6.94	0.06	38.10	0.46	0.63	5.63	24.23
G230	长6₂	8.17	0.10	31.40	0.34	1.01	5.90	28.67
H316	长6₃	7.84	0.06	39.76	0.52	0.88	6.65	30.69
G191	长6₁	10.33	0.14	32.28	0.41	0.54	3.17	15.96
G245	长6₃	7.41	0.05	55.32	0.42	1.23	13.12	97.43
L151	长6₃	8.01	0.05	52.34	0.79	0.47	3.33	10.71
H115	长6₁	10.48	0.17	45.54	0.84	0.94	7.89	40.94
H307	长6₃	7.86	0.06	39.35	0.53	1.67	20.74	75.19
H2	长6₃	8.03	0.04	51.92	0.69	0.62	6.27	17.63
L23	长6₃	9.16	0.08	31.51	0.43	0.93	8.62	58.92
L238	长6₃	8.30	0.05	44.45	0.60	0.51	4.89	16.19
G11	长6₁	10.22	0.13	31.18	0.41	0.77	6.51	27.77
G54	长6₁	10.36	0.14	41.60	0.73	0.63	5.21	18.29
G197	长6₁	9.27	0.10	29.35	0.38	0.79	7.00	103.00
G243	长6₁	10.52	0.15	38.34	0.60	0.72	4.86	27.89
G246	长6₁	10.12	0.11	44.24	0.76	0.57	3.67	14.04
G281	长6₁	9.76	0.11	45.32	0.77	0.55	3.56	20.30
G286	长6₁	9.67	0.12	41.68	0.80	0.66	6.19	40.94
H117	长6₁	10.34	0.18	41.78	0.78	0.88	5.86	31.21
H163	长6₁	10.17	0.13	30.94	0.44	0.55	3.81	11.79
H164	长6₁	10.54	0.15	36.52	0.66	0.56	3.47	17.59
L38	长6₁	9.05	0.08	33.71	0.49	0.42	3.53	21.46
L53	长6₁	10.58	0.18	35.25	0.58	0.92	4.88	30.86

表6.15和图6.9显示了井控3×3网格范围实际产能与预测产能的对比情况。

表6.15 实际产能与预测产能对比表(井控3×3网格范围)

井号	层位	生产结果		预测结果		符合情况
		日均产量,t	产能级别	日均产量,t	产能级别	
H97	长6₂	0.18	Ⅲ	0.04	Ⅲ	√
L200	长6₃	0.20	Ⅲ	0.17	Ⅲ	√
B39	长6₃	0.31	Ⅲ	0.87	Ⅱ	×
L51	长6₃	0.34	Ⅲ	0.45	Ⅲ	√
L258	长6₁	0.36	Ⅲ	0.48	Ⅲ	√
H317	长6₃	0.42	Ⅲ	1.02	Ⅱ	×
L249	长6₁	0.46	Ⅲ	1.05	Ⅱ	×
L241	长6₂	0.48	Ⅲ	0.35	Ⅲ	√
G230	长6₂	0.54	Ⅱ	0.96	Ⅱ	√

续表

井号	层位	生产结果		预测结果		符合情况
		日均产量，t	产能级别	日均产量，t	产能级别	
H316	长 6_3	0.71	II	1.51	I	×
G191	长 6_1	0.81	II	0.76	II	√
G245	长 6_3	0.93	II	1.24	II	√
L151	长 6_3	1.45	II	0.48	III	×
H115	长 6_1	1.85	I	2.29	I	√
H307	长 6_3	2.00	I	1.98	I	√
H2	长 6_3	2.08	I	1.54	I	√
L23	长 6_3	2.14	I	1.88	I	√
L238	长 6_3	2.34	I	1.44	II	×
G11	长 6_1	0.90	II	0.76	II	√
G54	长 6_1	0.27	III	1.13	II	×
G197	长 6_1	1.02	II	1.42	II	√
G243	长 6_1	0.22	III	0.60	II	×
G246	长 6_1	1.46	II	1.36	II	√
G281	长 6_1	0.31	III	1.32	II	×
G286	长 6_1	1.30	II	1.49	II	√
H117	长 6_1	0.25	III	0.56	II	×
H163	长 6_1	0.26	III	0.19	III	√
H164	长 6_1	1.27	II	1.62	I	×
L38	长 6_1	0.56	II	0.58	II	√
L53	长 6_1	1.81	I	1.58	I	√

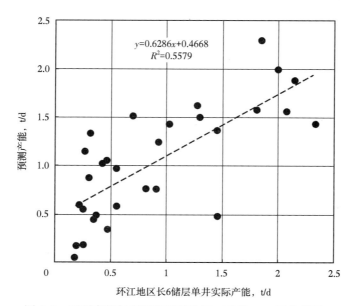

$y=0.6286x+0.4668$
$R^2=0.5579$

预测产能，t/d

环江地区长6储层单井实际产能，t/d

图 6.9　预测产能与实际产能对比图（井控 3×3 网格范围）

从预测结果与实际生产结果的产能级别的符合情况（表 6.15 和图 6.9）来看，产能预测符合率为 63%，预测的产能与实际产能的回归相关系数 R^2 约为 0.56，预测效果一般。

6.4.2.2 井控 5×5 网格范围

表 6.16 为井控 5×5 网格范围产能预测数据表。

表 6.16　井控 5×5 网格范围产能预测数据表

井号	层位	孔隙度，%	渗透率，mD	含油饱和度，%	NTG	变异系数	突进系数	极差
H97	长 6_2	7.36	0.06	42.82	0.40	0.64	9.82	60.00
L200	长 6_3	6.98	0.04	32.50	0.21	0.47	5.18	13.13
B39	长 6_3	7.48	0.06	34.91	0.27	1.41	23.27	132.25
L51	长 6_3	8.41	0.16	39.77	0.56	2.17	9.98	221.00
L258	长 6_1	8.08	0.07	35.91	0.43	0.73	6.60	241.00
H317	长 6_3	6.82	0.03	32.48	0.23	0.76	11.00	37.40
L249	长 6_1	7.30	0.08	28.03	0.29	1.00	10.16	260.67
L241	长 6_2	6.94	0.06	37.95	0.44	0.71	8.88	51.50
G230	长 6_2	8.06	0.09	31.19	0.31	0.97	8.46	98.38
H316	长 6_3	7.90	0.07	40.25	0.52	1.23	19.50	107.25
G191	长 6_1	10.42	0.14	32.44	0.41	0.52	3.72	18.89
G245	长 6_3	7.38	0.05	55.50	0.40	0.13	1.40	110.14
L151	长 6_1	8.00	0.05	51.95	0.77	0.50	4.91	16.14
H115	长 6_1	10.47	0.17	45.61	0.84	0.90	7.89	46.79
H307	长 6_3	7.83	0.06	39.71	0.52	1.48	21.48	100.25
H2	长 6_3	8.09	0.05	51.36	0.64	0.72	7.87	22.63
L23	长 6_3	8.92	0.08	31.03	0.42	0.94	9.31	89.63
L238	长 6_3	8.29	0.06	44.64	0.60	0.63	6.55	24.47
G11	长 6_1	10.12	0.13	31.59	0.43	0.78	6.66	27.77
G54	长 6_1	10.33	0.15	41.74	0.73	0.68	5.07	22.73
G197	长 6_1	9.38	0.11	30.13	0.40	0.96	6.99	111.86
G243	长 6_1	10.52	0.16	38.31	0.63	0.72	5.24	62.46
G246	长 6_1	9.19	0.11	44.00	0.75	0.63	6.59	30.50
G281	长 6_1	9.82	0.12	44.76	0.75	0.65	6.81	50.63
G286	长 6_1	9.66	0.12	41.78	0.81	0.70	7.83	63.20
H117	长 6_1	10.37	0.18	41.54	0.77	0.87	5.89	36.59
H163	长 6_1	10.18	0.13	31.71	0.47	0.57	5.10	18.80
H164	长 6_1	10.52	0.15	36.90	0.67	0.60	4.79	25.00
L38	长 6_1	9.00	0.08	33.91	0.50	0.44	3.53	21.46
L53	长 6_1	10.66	0.18	35.46	0.59	0.90	4.83	30.86

表 6.17 和图 6.10 显示了井控 5×5 网格范围实际产能与预测产能的对比情况。

表 6.17 实际产能与预测产能对比表

井号	层位	生产结果		预测结果		符合情况
		日均产量，t	产能级别	日均产量，t	产能级别	
H97	长 6_2	0.18	Ⅲ	0.39	Ⅲ	√
L200	长 6_3	0.20	Ⅲ	0.43	Ⅲ	√
B39	长 6_3	0.31	Ⅲ	0.29	Ⅲ	√
L51	长 6_3	0.34	Ⅲ	0.36	Ⅲ	√
L258	长 6_1	0.36	Ⅲ	0.43	Ⅲ	√
H317	长 6_3	0.42	Ⅲ	0.42	Ⅲ	√
L249	长 6_1	0.46	Ⅲ	0.18	Ⅲ	√
L241	长 6_2	0.48	Ⅲ	0.24	Ⅲ	√
G230	长 6_2	0.54	Ⅱ	0.23	Ⅲ	×
H316	长 6_3	0.71	Ⅱ	0.61	Ⅱ	√
G191	长 6_1	0.81	Ⅱ	0.54	Ⅱ	√
G245	长 6_3	0.93	Ⅱ	0.80	Ⅱ	√
L151	长 6_3	1.45	Ⅱ	1.45	Ⅱ	√
H115	长 6_1	1.85	Ⅰ	2.23	Ⅰ	√
H307	长 6_3	2.00	Ⅰ	1.81	Ⅰ	√
H2	长 6_3	2.08	Ⅰ	1.93	Ⅰ	√
L23	长 6_3	2.14	Ⅰ	1.42	Ⅱ	×
L238	长 6_3	2.34	Ⅰ	2.41	Ⅰ	√
G11	长 6_1	0.90	Ⅱ	0.59	Ⅱ	√
G54	长 6_1	0.27	Ⅲ	0.62	Ⅱ	×
G197	长 6_1	1.02	Ⅱ	1.12	Ⅱ	√
G243	长 6_1	0.22	Ⅲ	0.38	Ⅲ	√
G246	长 6_1	1.46	Ⅱ	1.25	Ⅱ	√
G281	长 6_1	0.31	Ⅲ	0.84	Ⅱ	×
G286	长 6_1	1.30	Ⅱ	1.14	Ⅱ	√
H117	长 6_1	0.25	Ⅲ	0.17	Ⅲ	√
H163	长 6_1	0.26	Ⅲ	0.67	Ⅱ	×
H164	长 6_1	1.27	Ⅱ	1.43	Ⅱ	√
L38	长 6_1	0.56	Ⅱ	0.10	Ⅲ	×
L53	长 6_1	1.81	Ⅰ	1.80	Ⅰ	√

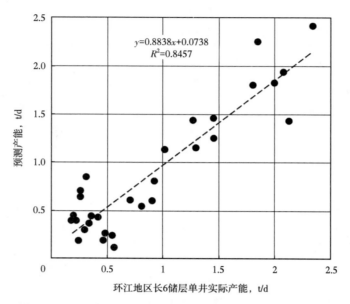

图 6.10 预测产能与实际产能对比图（井控 5×5 网格范围）

从预测结果与实际生产结果的产能级别的符合情况（表 6.17 和图 6.10）来看，产能预测符合率达到 80%，预测产能与实际产能的回归相关系数 R^2 约为 0.85，能够很好地预测单井产能。

6.4.2.3　井控 7×7 网格范围

表 6.18 为井控 7×7 网格范围产能预测数据表。

表 6.18　井控 7×7 网格范围产能预测数据表

井号	层位	孔隙度，%	渗透率，mD	含油饱和度，%	NTG	变异系数	突进系数	极差
H97	长 6_2	7.34	0.06	42.57	0.41	0.79	10.93	89.00
L200	长 6_3	6.98	0.04	31.85	0.19	0.49	5.33	14.86
B39	长 6_3	7.41	0.06	34.76	0.28	1.48	24.69	358.00
L51	长 6_3	8.40	0.15	39.84	0.56	2.21	10.60	257.83
L258	长 6_1	7.90	0.07	35.69	0.42	0.74	9.21	322.50
H317	长 6_3	6.79	0.03	32.79	0.22	0.68	11.00	37.40
L249	长 6_1	7.24	0.07	27.82	0.29	1.01	10.51	262.67
L241	长 6_2	6.96	0.06	37.82	0.43	0.80	9.18	68.88
G230	长 6_2	7.97	0.09	31.35	0.30	0.94	8.94	393.50
H316	长 6_3	7.93	0.07	40.58	0.51	1.23	18.65	117.00
G191	长 6_1	10.44	0.14	32.76	0.42	0.50	4.78	24.26
G245	长 6_3	7.32	0.05	55.50	0.38	1.38	14.83	110.14
L151	长 6_3	7.99	0.05	51.51	0.75	0.61	8.02	33.55

续表

井号	层位	孔隙度，%	渗透率，mD	含油饱和度，%	NTG	变异系数	突进系数	极差
H115	长 6_1	10.46	0.17	45.73	0.85	0.92	8.56	75.21
H307	长 6_3	7.81	0.06	39.73	0.51	1.45	24.11	112.50
H2	长 6_3	8.11	0.05	50.80	0.61	0.87	12.55	49.17
L23	长 6_3	8.72	0.08	30.75	0.40	1.16	19.14	181.88
L238	长 6_3	8.28	0.06	44.87	0.59	0.74	11.14	52.92
G11	长 6_1	10.07	0.13	31.80	0.44	0.79	6.61	27.77
G54	长 6_1	10.31	0.15	41.92	0.73	0.70	5.12	23.58
G197	长 6_1	10.42	0.12	30.76	0.42	1.01	6.99	115.86
G243	长 6_1	10.54	0.16	38.25	0.62	0.74	5.92	72.46
G246	长 6_1	10.28	0.12	43.64	0.75	0.72	8.11	42.77
G281	长 6_1	9.83	0.12	44.37	0.76	0.68	6.70	50.69
G286	长 6_1	9.69	0.12	41.85	0.80	0.70	7.77	72.92
H117	长 6_1	10.35	0.18	42.52	0.77	0.88	6.95	43.46
H163	长 6_1	10.26	0.13	32.48	0.50	0.57	5.02	19.94
H164	长 6_1	10.51	0.15	36.97	0.66	0.64	5.34	41.32
L38	长 6_1	8.91	0.08	33.84	0.47	0.48	3.96	45.29
L53	长 6_1	10.71	0.18	35.62	0.59	0.88	4.92	31.79

表 6.19 和图 6.11 显示了井控 7×7 网格范围实际产能与预测产能的对比情况。

表 6.19　实际产能与预测产能对比表（井控 7×7 网格范围）

井号	层位	生产结果		预测结果		符合情况
		日均产量，t	产能级别	日均产量，t	产能级别	
H97	长 6_2	0.18	Ⅲ	0.09	Ⅲ	√
L200	长 6_3	0.20	Ⅲ	0.43	Ⅲ	√
B39	长 6_3	0.31	Ⅲ	0.64	Ⅱ	×
L51	长 6_3	0.34	Ⅲ	0.39	Ⅲ	√
L258	长 6_1	0.36	Ⅲ	0.20	Ⅲ	√
H317	长 6_3	0.42	Ⅲ	0.41	Ⅲ	√
L249	长 6_1	0.46	Ⅲ	0.82	Ⅱ	×
L241	长 6_2	0.48	Ⅲ	0.47	Ⅲ	√
G230	长 6_2	0.54	Ⅱ	0.89	Ⅱ	√
H316	长 6_3	0.71	Ⅱ	1.74	Ⅰ	×
G191	长 6_1	0.81	Ⅱ	1.35	Ⅱ	√
G245	长 6_3	0.93	Ⅱ	0.86	Ⅱ	√
L151	长 6_3	1.45	Ⅱ	2.07	Ⅰ	×
H115	长 6_1	1.85	Ⅰ	2.35	Ⅰ	√

续表

井号	层位	生产结果		预测结果		符合情况
		日均产量，t	产能级别	日均产量，t	产能级别	
H307	长6₃	2.00	I	1.66	I	√
H2	长6₃	2.08	I	3.28	I	√
L23	长6₃	2.14	I	1.18	II	×
L238	长6₃	2.34	I	2.04	I	√
G11	长6₁	0.90	II	0.73	II	√
G54	长6₁	0.27	III	0.75	II	×
G197	长6₁	1.02	II	1.23	II	√
G243	长6₁	0.22	III	0.40	III	√
G246	长6₁	1.46	II	1.39	II	√
G281	长6₁	0.31	III	0.38	III	√
G286	长6₁	1.30	II	1.57	I	×
H117	长6₁	0.25	III	0.67	II	×
H163	长6₁	0.26	III	0.28	III	√
H164	长6₁	1.27	II	0.95	II	√
L38	长6₁	0.56	II	0.64	II	√
L53	长6₁	1.81	I	2.28	I	√

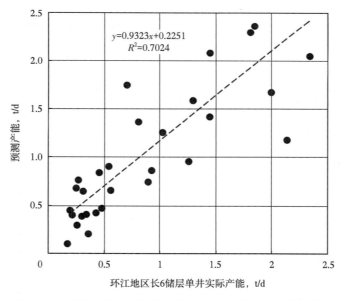

图 6.11　预测产能与实际产能对比图（井控 7×7 网格范围）

从预测结果与实际生产结果的产能级别的符合情况（表 6.19 和图 6.11）来看，产能预测符合率为 73%，预测产能与实际产能的回归相关系数 R^2 约为 0.70，预测效果较好。

6.4.2.4　预测结果评价优选

结合优选出的多点地质统计学方法相控约束下的属性模型数据体预测产能结果，可以得出，井控 5×5 网格范围和实际层控范围产能的预测效果最好，与实际产能符合率为 80%，回归相关系数 R^2 约为 0.85，可以较好地预测产能，以此模式可以进一步开展全区的产能评价工作。

评价结果进一步说明了多点地质统计学方法相控约束下的属性数据体的准确性，与 3 种不同方法建立的岩相模型得到的认识一致：相比确定性方法，其考虑了储层的不确定性和非均质性；相比序贯指示模拟方法，其较好地再现了水下分支河道的几何形态，连续性模拟得更好。使用多点地质统计学方法建立的模型更加符合储层实际情况，克服了传统两点地质统计学难以表达复杂储层空间结构和再现目标几何形态的不足，为下一步建立相控约束的属性模型提供了更加准确的地质数据体。

第 7 章　产能影响因素定量分析

试验是人们为了检验某个已经存在的结果而进行的规律性探讨的实践活动。试验设计是数理统计的一个分支，按照试验方案实施获得试验结果，利用统计学理论对试验结果分析得到试验结论。

确定对试验指标的影响指标（即试验因素）是试验设计要解决的关键问题，正交试验设计方法是比较常用的对多因素进行分析、寻找最优水平组合的高效试验方法。

由于研究区长 6 储层有很强的不确定性和非均质性，产能预测和评价的很多参数在现有资料条件下难以准确、唯一地确定，通过试验设计的方法可以迅速地定量评价影响产能评价的因素，因此需要结合已有资料，采用分析计算、试验测试、地质类比和统计分析等多种方法和手段，获取资源计算所需、满足统计学要求、具有典型性和代表性特征的各种参数。

前文优选出基于多点地质统计学方法相控约束下井控层控的产能评价方法，然而无法确定优选出的 7 个参数中何种参数对产能评价的影响最大，何种参数对产能评价的影响最小。为了解决这个问题，研究引入了正交试验设计的方法，以定量评价影响产能的各种参数。

根据参数变化规律及取值范围，参考概率储量计算中累计概率分布的方法对影响产能的每类参数都会选取乐观、可能及悲观 3 个水平，但参数组合较多时模拟计算量会非常大。结合本次产能评价研究，7 个影响因素（参数）3 个水平（乐观、可能及悲观）全面试验组合需要进行 2187 次计算，耗时耗力，采用正交试验设计的方法仅需要进行 18 次试验就可以定量评价出影响产能因素的主次关系，极大地提高了效率。

7.1　正交试验设计的概念及原理

正交试验设计的试验方法是在 20 世纪 80 年代经日本统计学家田口玄一传入中国并得到广泛应用的。该方法是一种基于最优设计的理念，借助于正交表这种可以有效减少试验次数的标准化表格设计试验方案，处理分析试验结果，用部分代替全面，使得试验时间大大缩短的科学试验方法[92-98]。

与其他类的试验设计一样，正交试验过程中所选择的考核试验结果差异的特性值称为考核指标，主要根据试验目的确定；对指标可能有影响者称为因素，根据需要可以进行编号排列；每一个因素在试验过程中可以变化的各种状态称为水平，一般可以人为加以控制。通常选取试验水平应该按照 3 水平、等间隔、可控制的原则进行。

在试验安排中，3 个因素各取 3 个水平，可以用一个立方体（图 7.1）表示，把立方体划分成 27 个格点。如果 27 个网格点都进行试验，则为全面试验。

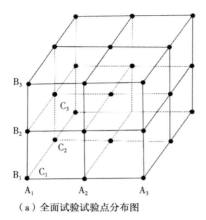 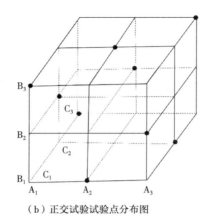

（a）全面试验试验点分布图　　　　　　　　　（b）正交试验试验点分布图

图 7.1　3 因素 3 水平的全面试验与正交试验试验点分布图

正交设计就是从选优区全面试验点（水平组合）中挑选出有代表性的部分试验点来进行试验。可在 27 个组合中挑选出 9 个符合条件的试验点，它们位于从上到下的 3 个水平面和从前到后的 3 个水平面中，分别是 $A_1B_3C_1$、$A_1B_2C_2$、$A_1B_1C_3$、$A_2B_1C_1$、$A_2B_2C_3$、$A_2B_3C_2$、$A_3B_1C_2$、$A_3B_2C_1$ 和 $A_3B_3C_3$。9 个试验点的分布是均衡的，立方体的每个平面上都有 3 个试验点，立方体的每条线上也都有 1 个试验点。9 个试验点均衡地分布于整个立方体内，有很强的代表性，能够比较全面地反映选优区内的基本情况。如此安排试验可以保证各因素的水平搭配是均匀的，同时保证了试验次数最低，体现了正交试验设计的核心技术。

正交试验设计的原理体现了该方法是从全局性、整体性的角度分析各参数对试验指标的影响，所选试验点分布均匀、具有代表性，用部分试验来代替全面试验，通过对部分试验结果的分析，了解全面试验的情况。从而总结出正交试验设计的主要优点如下：一是可以均匀地体现各因素及其对应的水平情况，不需要做大量重复试验，可以节省大量人力、物力、财力和时间；二是可以分析所考虑的影响因素对试验指标的重要性程度；三是可以在生产过程中迅速找到优化方案，使得生产工艺按照最佳工艺条件进行，快速获得高效；四是由试验结果分析了解试验情况，进一步明确围绕试验指标的方向，从而克服了盲目寻找试验指标影响因素的情况。因而，正交试验设计具有不可比拟的实际操作优势，在工业、农业等多个学科领域获得广泛关注。

7.2　正交试验设计步骤

正交试验设计是一种利用正交表来安排与分析多因素试验的设计方法。它是在试验因素的全部水平组合中，挑选部分有代表性的水平组合进行试验的，通过对这部分试验结果的分析了解全面试验的情况。

进行正交试验首先要进行试验方案确定，利用已设计好的正交表安排试验是进行正交设计试验的核心，然后利用统计学的知识对所得试验结果数据进行分析处理，得出科学合理的结论。因此，设计一张正确合理的正交表是试验能否进行的关键。

7.2.1 正交表的设计

正交表是按照统计学方面的原理制成的带有某种特殊数字属性的表格，可以表示成 $L_n(q^m)$。其中，L 为正交表的代号，为 Latin Square（拉丁方格）的首字母；n 代表正交表有多少行，表示试验总数；m 为正交表的列数，表示最多能容纳因素的个数；q 代表试验中因素可取的水平数，在选择正交表时应首先被考虑。正交表是正交试验得以进行的主要工具，具有以下两种特性：一是正交表的任一列中，各因素的不同水平数出现的次数是相等的；二是正交表的任两列中，每个因素的任一水平与另一因素的各水平是均衡搭配的。

根据试验目的，设定考查的试验指标后，结合专业知识和实践经验设定确定可能的因素，从而确定因素水平表。以上述原理示例，可以列出表 7.1 因素水平表（3 因素 3 水平）。

表 7.1　因素水平表（3 因素 3 水平）

水平	因素		
	A	B	C
1	A_1	B_1	C_1
2	A_2	B_2	C_2
3	A_3	B_3	C_3

根据制定的因素水平表选择相应的正交表[99,100]。首先要考虑的是因素的水平数，根据因素的水平数分布情况确定正交表。在选择正交表时，坚持水平数与因素的水平数相同而试验的因素数不大于正交表的列数的原则，因此原理示例可以选择 $L_9(3^3)$ 型正交表。正交表的选用除了要确定试验中的因素个数和水平数，还要确定各因素之间是否存在交互作用，即确定各因素之间是否完全独立、互不影响。当有交互作用需要考虑时，应该对正交表进行重新考虑选择使用。

在选择合适的正交表后，将各因素放置在正交表合适的列中，该步骤就称为正交表的表头设计（表 7.2）。表头各列排放一个因素或者交互因素，在确定各因素之间是否相互独立、有无交互作用之后将其列于表中合适的位置，每一个因素的水平放在正交表的行位置，这样就完成了正交表的设计。

表 7.2　表头设计（3 因素 3 水平）

因素	A	B	C
列号	1	2	3

正交表具有如下性质：

（1）正交性。

任一列中，各水平都出现且出现的次数相等；任两列之间，各种不同水平的所有可能组合都出现且出现的次数相等。

（2）代表性。

一方面，任一列的各水平都出现，使得部分试验中包括所有因素的所有水平；任两列的所有水平组合都出现，使任意两因素间的试验组合为全面试验。

另一方面，由于正交表的正交性，正交试验的试验点必然均衡地分布在全面试验点中，具有很强的代表性。因此，部分试验寻找的最优条件与全面试验所找的最优条件应有一致的趋势。

（3）综合可比性。

任一列的各水平出现的次数相等；任两列间所有水平组合出现次数相等，使得任一因素各水平的试验条件相同。这就保证了在每列因素各水平的效果中，最大限度地排除了其他因素的干扰，从而可以综合比较该因素不同水平对试验指标的影响情况。

根据以上特性，使用正交表安排的试验具有均衡分散和整齐可比的特点。正交表的 3 个基本性质中，正交性是核心和基础，代表性和综合可比性是正交性的必然结果。

目前，除了教科书中一些常用的正交表可用外，还可以借助 Excel 函数、SPSS 软件、正交试验设计软件等工具快速进行正交表的构建[101,102]。这些软件因统计分析功能齐全且具有方便可掌握的操作模式，得到极强的推广普及。

7.2.2　设计试验方案

在选用合适的正交表以及合理地设计完表头之后，将试验各因素和因素对应的水平依次对号填入表中，最终排出完整的试验方案表。

排列试验顺序时，在不考虑因素间交互作用的情况下，随意将各因素安排在各列，将因素的水平填入对应的列中，每个因素的一个水平相互搭配就构成了一次试验。

按照排列的方案进行试验，将试验结果填入设计好的表格中，便于后续进行分析。

综上，完成正交设计试验的完整过程包括：确定因素和水平数；选用合适的正交表；列出试验记录表格；在此过程中，常常需要列出一些重要的表格，如设计试验方案表、试验结果及后续分析试验结果的方差分析表等。总之，正交试验设计方法的执行是具有灵活性的，表格的选择也较为多样，所设计的表格只要符合要求，不影响结论的分析就是可靠的。

7.3　试验结果统计分析方法

试验结果分析可以分清各因素及其交互作用的主次顺序；判断因素对试验指标影响的显著程度；找出试验因素的最优水平和试验范围内的最优组合，即试验因素各取什么水平时，试验指标最好；分析因素与试验指标之间的关系，即当因素变化时，试验指标是如何变化的，为进一步试验指明方向；估计试验误差的大小。试验结果统计分析方法[103-106]主要有直观分析法和方差分析法两类。

7.3.1　直观分析法

直观分析法即极差分析法，主要是通过比较极差大小分析因素的影响程度，极差越大，说明该因素的水平变动对试验结果的影响程度大；极差越小，说明该因素对试验指标的影响程度小。从而确定重要因素和次要因素，重要因素选择较好的水平可以达到较好的效果；对于不重要的因素，其水平变化对试验结果不会产生太大的影响。直观分析法是正交试验结果分析最常用的方法。

R_j 为第 j 列因素的极差，反映了第 j 列因素水平波动时，试验指标的变动幅度。R_j 越大，

说明该因素对试验指标的影响越大。根据 R_j 的大小，可以判断因素影响试验结果的主次顺序。

K_{jm} 为第 j 列因素 m 水平所对应的试验指标和，$\overline{K}_{jm}$ 为 K_{jm} 平均值。由 $\overline{K}_{jm}$ 的大小可以判断第 j 列因素最优水平和最优组合。

直观分析分以下几步进行：

（1）确定试验因素的最优水平和最优水平组合。

分析 A 因素各水平对试验指标的影响。根据正交设计的特性，对于 A_1、A_2 和 A_3，3 组试验的试验条件是完全一样的（综合可比性），可进行直接比较。根据 $\overline{K}_{A1}$、$\overline{K}_{A2}$、$\overline{K}_{A3}$ 的大小可以判断 A_1、A_2、A_3 对试验指标的影响大小。

（2）确定因素的主次顺序。

根据极差 R_j 的大小，可以判断各因素对试验指标的影响主次顺序。极差越大的，该因素对指标的影响越大，反之越小。

（3）绘制因素与指标趋势图。

以各因素水平为横坐标，试验指标的平均值（$\overline{K}_{jm}$）为纵坐标，绘制因素与指标趋势图。由因素与指标趋势图可以更直观地看出试验指标随因素水平的变化趋势，可为进一步试验指明方向。

直观分析法简便易懂，可以由极差变化大致判断因素对指标的影响程度，但不能确定因素水平变化对指标值的显著差别。为了弥补直观分析的不足，常常使用方差分析法加以补充。

7.3.2 方差分析法

直观分析法不能将试验中由于试验条件改变引起的数据波动同试验误差引起的数据波动区分开来，也就是说，不能区分因素各水平间对应的试验结果的差异究竟是由因素水平不同引起的，还是由试验误差引起的，无法估计试验误差的大小。此外，对各因素对试验结果的影响大小无法给予精确的数量估计，不能提出一个标准来判断所考查因素作用是否显著。为了弥补极差分析的缺陷，可采用方差分析。

方差分析的主要思想是将试验过程的总体误差分解为条件误差和试验误差，并对两类误差进行比较（统计检验），从而判断出因素对指标影响的显著性大小。方法分析的关键是进行误差分解和显著性检验。

总体来说，方差分析分以下几步进行：

（1）计算偏差平方和。

为表征试验误差和条件误差，引入以下几种偏差平方和：

①组间偏差平方和 S_1。将各组（各水平下）的组内平均值对总平均值的偏差平方并求和后再乘以 n 所得到的结果 [式（7.1）]。组间偏差平方和反映了条件误差的大小，是条件误差的定量估计。

$$S_1 = \sum_{i=1}^{m} \left[n(\mu_i - \mu)^2 \right] \tag{7.1}$$

②组内偏差平方和 S_2。将各水平下的偏差平方并求和，最后再将各水平下的偏差平方和相加后所得到的结果 [式（7.2）]。组内偏差平方和反映了试验误差的大小，是试验误

差的定量估计。

$$S_z = \sum_{i=1}^{m} \Big[\sum_{j=1}^{m} (x_{ij} - \mu_i)^2 \Big] \tag{7.2}$$

③总的偏差平方和 S_T。全部试验数据对总平均值的偏差的平方和。总偏差平方和 = 各列因素偏差平方和+误差偏差平方和。

$$S_T = S_1 + S_2 \tag{7.3}$$

式（7.3）表明，总的偏差平方和可以分解为组间偏差平方和与组内偏差平方和之和。前者表征了由于因素水平的改变而引起的数据波动，后者则表征了由于试验存在随机误差而引起的数据波动。

（2）计算自由度。

$f_{总}$=试验的次数−1；$f_{因素}$=因素的水平数−1；$f_{总}=f_{因素}+f_{误差}$。

（3）计算方差。

各因素总体的偏差平方和受其对应水平数的影响，不能准确地反映因素的变化情况。为消除各因素水平变化的干扰，进一步引入了方差分析。

因素的方差为因素的偏差平方和与因素的自由度之间的比值；试验误差的方差是试验误差的偏差平方和与试验误差自由度的比值。

（4）构造 F 统计量［式（7.4）］。

$$F = \frac{因素的方差}{试验误差的方差} \tag{7.4}$$

根据 F 的大小及给定的显著度，可以判断因素对试验指标的影响相对于试验误差对试验指标的影响是否显著。F 越大，因素的影响越显著。

根据自由度 $f_{因素}$、$f_{误差}$ 及显著水平 α，可从 F 分布表中查得在这些条件下的临界值——F_α。如果实际的 F 大于此临界值 F_α，则可有（$1-\alpha$）的把握认为因素对试验指标有显著影响。

（5）列方差分析表，作 F 检验。

当 $F>F_{0.01}(f_1, f_2)$ 时，说明试验因素水平的改变对试验指标的影响特别显著，称"该因素高度显著"，记作" ＊＊"。

当 $F_{0.01}(f_1, f_2) \geqslant F>F_{0.05}(f_1, f_2)$ 时，说明试验因素水平的改变对试验指标的影响显著，称"该因素显著"，记作" ＊"。

当 $F_{0.05}(f_1, f_2) \geqslant F>F_{0.10}(f_1, f_2)$ 时，说明试验因素水平的改变对试验指标的影响比较显著，称"该因素较显著"，记作"（＊）"。

当 $F_{0.10}(f_1, f_2) \geqslant F>F_{0.25}(f_1, f_2)$ 时，说明试验因素水平的改变对试验指标的影响比较小，称"该因素有影响但不显著"，记作"［＊］"。

当 $F \leqslant F_{0.10}(f_1, f_2)$ 时，说明试验因素水平的改变对试验指标基本无影响，称"该因素无影响"，不做标记。

查表可得 $F_{0.01}(f_1, f_2)$、$F_{0.05}(f_1, f_2)$、$F_{0.10}(f_1, f_2)$ 和 $F_{0.25}(f_1, f_2)$ 的值。

在对正交设计试验结果进行分析时，首先用直观分析的思想进行简单分析，再利用方差分析的方法进行比较验证，一般来说，二者得到的结论多为一致的。

7.4 影响产能因素定量评价

7.4.1 试验指标

指标是根据试验目的所选定的、用来考查试验结果的特性值。指标与试验目的是对应的。例如，试验目的是提高产量，则产量就是试验所要考查的指标。值得注意的是，每个指标唯一表示一种特性，某一试验过程中不能用多个指标重复表示同一种特性。试验指标应尽可能采用计量特性值。

对于本书试验，指标为预测产能与生产产能之间回归公式的相关系数 R^2，以此指标来判断各个试验结果二者间的符合率情况。

7.4.2 选因素、定水平，列因素水平表

根据专业知识、以往的研究结论和经验，从影响试验指标的诸多因素中，通过因果分析筛选出需要考查的试验因素。一般确定试验因素时，应以对试验指标影响大的因素、尚未考查过的因素、尚未完全掌握规律的因素为先。选定试验因素后，根据所掌握的信息资料和相关知识，确定每个因素的水平，一般以 2~4 个水平为宜。

对主要考查的试验因素可以多取水平，但不宜过多（不大于 7），否则试验次数骤增。对于因素的水平间距，应根据已有的资料和实际情况，尽可能把水平值取在理想区域[107,108]。

对本章试验分析，根据前文确定的影响产能的 7 个主要参数 [孔隙度、渗透率、含油饱和度、NTG（净毛比）、渗透率变异系数、渗透率突进系数和渗透率极差]，进行 7 因素 3 水平正交试验，以便提高计算效率并评价不同变量对产能的影响。

孔隙度、渗透率和含油饱和度参考各个因素累计概率分布取值的方法求出，选出 P60、P50 和 P40（概率分别为 60%、50% 和 40%）所对应的值（以孔隙度参数为例），分别对应地质上悲观的值、最可能的值和乐观的值（图 7.2），用这 3 个值作为试验设计的 3 个水平。

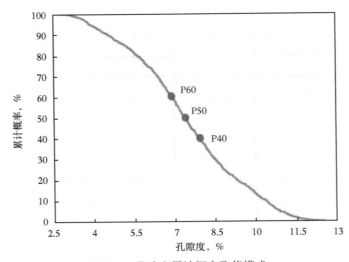

图 7.2 孔隙度累计概率取值模式

由于 NTG 值主要是通过孔隙度下限值约束得来的，参考前人对下限值的研究成果（图 7.3），综合考虑下限值范围后，取 3 个等百分比水平，这里在下限值 7% 上下浮动0.5% 作为试验的 3 个水平，即孔隙度为 6.5% 下限约束下计算的 NTG 值为悲观的值，孔隙度为 7% 下限约束下计算的值为最可能的值，孔隙度为 7.5% 下限约束下计算的值为乐观的值。通过孔隙度下限约束下的 NTG 模型，再计算各水平的 NTG 值。

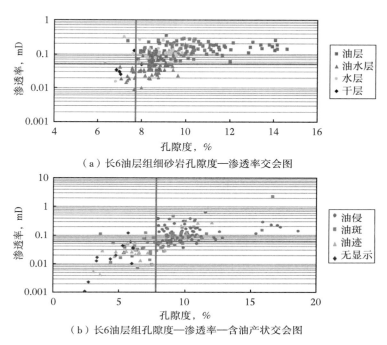

（a）长6油层组细砂岩孔隙度—渗透率交会图

（b）长6油层组孔隙度—渗透率—含油产状交会图

图 7.3　环江地区长 6 油层组含油产状—物性交会图

渗透率的变异系数、突进系数和极差同样参考各个因素累计概率分布取值的方法求出，由于这 3 个因素都是根据渗透率数据计算得出的，将取值方法进行一些调整。图 7.4显示了渗透率累计概率取值模式。参考前述孔隙度累计概率取值模式，取P100 至 P25 区间的值通过计算得到各个因素悲观的值，取 P100 至 P1 区间所有值计算得出可能的值，取 P75至 P1 区间的值计算得到乐观的值，以此模式应用到全部 30 口井的数据得到所需的值。

列试验因素水平表，其中各个水平取值中，−1 代表悲观的水平，0 代表可能的水平，1 代表乐观的水平（表 7.3）。

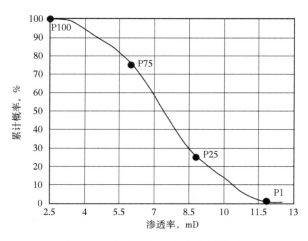

图 7.4　渗透率累计概率取值模式

表 7.3　试验因素水平表

水平	孔隙度	渗透率	含油饱和度	NTG	变异系数	突进系数	极差
1	−1	−1	−1	−1	−1	−1	−1
2	0	0	0	0	0	0	0
3	1	1	1	1	1	1	1

7.4.3　试验方案选定

正交表的选择是正交试验设计的首要问题。确定因素及其水平后，根据因素、水平的多少来选择合适的正交表。

正交表的选择原则是在能够安排试验因素和交互作用的前提下，尽可能选用较小的正交表，以减少试验次数。

一般情况下，试验因素的水平数应等于正交表中的水平数；因素个数应不大于正交表的列数；各因素的自由度之和要小于所选正交表的总自由度，以便估计试验误差。如果各因素及交互作用的自由度之和等于所选正交表总自由度，则可采用有重复正交试验来估计试验误差。

正交表选择依据如下：正交表的列数≥因素所占列数+交互作用所占列数+空列；正交表的总自由度≥因素自由度+交互作用自由度+误差自由度。

本章试验有 7 个 3 水平因素，且不考虑因素间的交互作用，依据以上原则，可以认为试验次数应该不小于 15，同时又必须符合正交表的正交性，因此试验的次数应该为 18 次，宜选用 $L_{18}(3^7)$。

（1）表头设计。

所谓表头设计，就是把试验因素和要考查的交互作用分别安排到正交表的各列中去的过程。在不考查交互作用时，各因素可随机安排在各列上；如果考查交互作用，就应按所选正交表的交互作用列表安排各因素与交互作用，以防止设计"混杂"。

本章试验中不考虑交互作用，将孔隙度、渗透率、含油饱和度、NTG，以及渗透率变异系数、突进系数和极差依次安排在第 1 列、第 2 列、第 3 列、第 4 列、第 5 列、第 6 列和第 7 列上（表 7.4）。

表 7.4　试验表头设计

列号	1	2	3	4	5	6	7
因素	孔隙度	渗透率	含油饱和度	NTG	变异系数	突进系数	极差

（2）试验部分。

按下列方案分别进行试验，记录试验结果（表 7.5）。

表 7.5　试验设计方案及结果

编号	孔隙度	渗透率	含油饱和度	NTG	变异系数	突进系数	极差	R^2
试验 1	−1	−1	−1	−1	−1	−1	−1	0.68
试验 2	−1	0	0	0	0	0	0	0.79
试验 3	−1	1	1	1	1	1	1	0.72

编号	孔隙度	渗透率	含油饱和度	NTG	变异系数	突进系数	极差	R^2
试验 4	0	−1	−1	0	0	1	1	0.64
试验 5	0	0	0	1	1	−1	−1	0.76
试验 6	0	1	1	−1	−1	0	0	0.71
试验 7	1	−1	0	−1	1	0	1	0.67
试验 8	1	0	1	0	−1	1	−1	0.64
试验 9	1	1	−1	1	0	−1	0	0.74
试验 10	−1	−1	1	1	0	0	−1	0.76
试验 11	−1	0	−1	−1	1	1	0	0.71
试验 12	−1	1	0	0	−1	−1	1	0.67
试验 13	0	−1	0	1	−1	1	0	0.72
试验 14	0	0	1	−1	0	−1	1	0.69
试验 15	0	1	−1	0	1	0	−1	0.77
试验 16	1	−1	1	0	1	−1	0	0.68
试验 17	1	0	−1	1	−1	0	1	0.72
试验 18	1	1	0	−1	0	1	−1	0.63

7.4.4　试验结果分析

7.4.4.1　直观分析

直观分析通过简单地计算各因素水平对试验结果的影响，并用图表形式将这些影响表示出来，再通过极差分析（找出最大值和最小值），最终确定因素对试验结果的影响程度。

由试验数据（表 7.5）可以直接看出，在试验 2 的参数条件下，预测产能与生产产能之间回归公式的相关系数最大（$R^2 = 0.79$）。通过对原始试验数据的简单计算，确定各因素水平的影响程度（表 7.6）。

表 7.6　直观分析表

编号	孔隙度	渗透率	含油饱和度	NTG	变异系数	突进系数	极差	R^2
试验 1	−1	−1	−1	−1	−1	−1	−1	0.68
试验 2	−1	0	0	0	0	0	0	0.79
试验 3	−1	1	1	1	1	1	1	0.72
试验 4	0	−1	−1	0	0	1	1	0.64
试验 5	0	0	0	1	1	−1	−1	0.76
试验 6	0	1	1	−1	−1	0	0	0.71
试验 7	1	−1	0	−1	1	0	1	0.67
试验 8	1	0	1	0	−1	1	−1	0.64
试验 9	1	1	−1	1	0	−1	0	0.74
试验 10	−1	−1	1	1	0	0	−1	0.76
试验 11	−1	0	−1	−1	1	1	0	0.71

续表

编号	孔隙度	渗透率	含油饱和度	NTG	变异系数	突进系数	极差	R^2
试验 12	−1	1	0	0	−1	−1	1	0.67
试验 13	0	−1	0	1	−1	1	0	0.72
试验 14	0	0	1	−1	0	−1	1	0.69
试验 15	0	1	−1	0	1	0	−1	0.77
试验 16	1	−1	1	0	1	−1	0	0.68
试验 17	1	0	−1	1	−1	0	1	0.72
试验 18	1	1	0	−1	0	1	−1	0.63
均值 1	0.7217	0.6917	0.71	0.6817	0.69	0.7033	0.7067	
均值 2	0.715	0.7183	0.7067	0.6983	0.7083	0.7367	0.725	
均值 3	0.68	0.7067	0.7	0.7367	0.7183	0.6767	0.685	
极差	0.0417	0.0267	0.01	0.055	0.0283	0.06	0.04	

画出试验因素与试验指标关系的趋势图（图 7.5），以各因素的水平为横坐标，以相应水平下产能对比的相关系数为纵坐标。

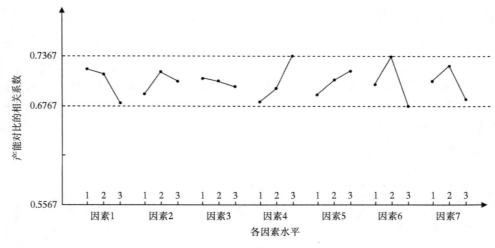

图 7.5　因素指标关系图

对所得的试验结果进行直观分析，比较各因素对相关系数 R^2 的影响大小，得出每个因素在何种水平对产能的贡献最大。与前面分析方法类似，为了直观表现各因素的影响程度，利用直观的因素指标关系图（图 7.5）分析各因素的重要程度。

按极差计算结果及上述关系图确定主次因素（极差越大，影响越主要）。从表 7.6 中可以看出，从主到次的关系如下：渗透率突进系数、NTG、孔隙度、渗透率极差、渗透率变异系数、渗透率和含油饱和度。其中，当孔隙度、含油饱和度取悲观的值，渗透率、渗透率突进系数和渗透率极差取可能的值，NTG 和渗透率变异系数取乐观的值时，产能相关系数 R^2 可以获得最大值。

7.4.4.2　方差分析

正交试验设计的直观分析的优点是简单易行、直观易懂，但直观分析不能把试验过程中的试验条件的改变（因素水平的改变）所引起的数据波动与试验误差所引起的数据波动区分开来，也无法对因素影响的重要程度（显著性）给出精确的定量估计。为弥补直观分析的不足，可使用方差分析。

通过正交设计分析软件，得出方差分析表（表 7.7），具体计算方法见前文方差分析部分。从表 7.7 中可以得出，针对本次试验设计，渗透率突进系数对符合率（相关系数 R^2）的影响最显著。

表 7.7　方差分析表

因素	偏差平方和	自由度	F 比	$F_{0.25}$	$F_{0.10}$	$F_{0.05}$	$F_{0.01}$	显著性
孔隙度	0.006	2	19.43	2	4.33	6.94	18	＊＊
渗透率	0.0021	2	6.928	2	4.33	6.94	18	（＊）
含油饱和度	0.0003	2	4.312	2	4.33	6.94	18	［＊］
NTG	0.0095	2	30.852	2	4.33	6.94	18	＊＊
渗透率变异系数	0.0025	2	8.007	2	4.33	6.94	18	＊
渗透率突进系数	0.0108	2	35.056	2	4.33	6.94	18	＊＊
渗透率极差	0.0048	2	15.551	2	4.33	6.94	18	＊
误差	0.0003	4						

注：采用 F 检验定量评价各因素显著性的程度，其中"＊＊"表示该因素高度显著，"＊"表示该因素显著，"（＊）"表示该因素较显著，"［＊］"表示该因素有影响但不显著，"无标记"表示该因素试验指标没影响。

由显著性分析可知，影响砂体连通体积的因素的显著性大小依次为渗透率突进系数、NTG、孔隙度、渗透率极差、渗透率变异系数、渗透率、含油饱和度，与直观分析所得出的结论是一致的。

参 考 文 献

[1] 顾国兴，丁进. 利用测井资料预测油层产能的新方法 [J]. 江汉石油学院学报，1993，15（1）：43-49.

[2] 毛志强，李进福. 油气层产能预测方法及模型 [J]. 石油学报，2000，21（5）：58-61.

[3] 李周波，陈振林，彭兴芳. 鄂尔多斯北部地区烃源岩评价 [J]. 资源环境与工程，2007，21（1）：18-20.

[4] 焦翠华，徐朝晖. 基于流动单元指数的渗透率预测方法 [J]. 测井技术，2006，30（4）：317-319.

[5] 李松泉，程林松，李秀生，等. 特低渗透油藏非线性渗流模型 [J]. 石油勘探与开发，2008，35（5）：606-612.

[6] 李松泉，程林松，李秀生，等. 特低渗透油藏合理井距确定新方法 [J]. 西南石油大学学报（自然科学版），2008，30（5）：93-96.

[7] 闫庆来，何秋轩，任晓娟，等. 低渗透砂岩油层水驱采收率问题 [J]. 西安石油大学学报（自然科学版），1990，5（3）：1-5.

[8] 闫庆来，何秋轩，尉立岗，等. 低渗透油层中单相液体渗流特征的实验研究 [J]. 西安石油大学学报（自然科学版），1990，5（2）：1-6.

[9] 王印，李洪文. 储油岩热解参数预测油层产能方法探讨 [J]. 油气地质与采收率，2001，8（6）：62-64.

[10] 侯连华，邹才能，匡立春，等. 老油气区精细勘探潜力与方法技术 [J]. 石油与天然气地质，2009，30（1）：108-115.

[11] 侯连华，林承焰，王京红，等. 含油层早期产能预测方法 [J]. 石油大学学报（自然科学版），2003，27（1）：11-13.

[12] 黄佑德，李庆春，赵旭亚. 地化录井产能预测方法 [J]. 断块油气田，1997，4（3）：8-11.

[13] Chambers R L, Yarus J M, Hird K B. Petroleum geostatistics for nongeostatisticians：Part 1 [J]. The Leading Edge，2000，19（5）：474-479.

[14] Chambers R L, Yarus J M, Hird K B. Petroleum geostatistics for nongeostaticians：Part 2 [J]. The Leading Edge，2000，19（6）：592-599.

[15] Matheron G. Principles of geostatistics [J]. Economic Geology，1963，58（8）：1246-1266.

[16] Journel A G, Huijbregts C J. Mining Geostatistics [M]. London：Academic Press，1978.

[17] 王仁铎，胡光道. 线性地质统计学 [M]. 北京：地质出版社，1988.

[18] 张团峰，王家华. 试论克里金估计与随机模拟的本质区别 [J]. 西安石油学院学报，1997，12（2）：52-55.

[19] Bennion D W, Griffiths J C. A stochastic model for predicting variations in reservoir rock properties [J]. Society of Petroleum Engineers Journal，1966，6（1）：9-16.

[20] Haldorsen H H, Lake L W. A new approach to shale management in field-scale models [J]. Society of Petroleum Engineers Journal，1984，24（4）：447-457.

[21] Deutsch C V, Journel A G. GSLIB：Geostatistical software library and user's guide [M]. 2nd ed. New York：Oxford University press，1998.

[22] 裘怿楠. 储层地质模型 [J]. 石油学报，1991，12（4）：55-62.

[23] 裘怿楠，贾爱林. 储层地质模型 10 年 [J]. 石油学报，2000，21（4）：101-106.

[24] 于兴河，王德发. 陆相断陷盆地三角洲相构形要素及其储层地质模型 [J]. 地质论评，1997，43（3）：225-231.

[25] 纪发华，熊琦华，吴欣松，等. 序贯指示建模方法在枣南油田储层非均质研究中的应用 [J]. 石油

学报, 1994, 15 (S1): 179-186.

[26] 熊琦华, 王志章, 张一伟. 油藏描述研究的新进展 [J]. 石油大学学报 (自然科学版), 1995, 19 (3): 96-101.

[27] 吴胜和, 张一伟, 李恕军, 等. 提高储层随机建模精度的地质约束原则 [J]. 石油大学学报 (自然科学版), 2001, 25 (1): 55-58.

[28] 吴胜和, 熊琦华. 油藏储层地质学 [M]. 北京: 石油工业出版社, 1998.

[29] 王家华, 张团峰. 油气储层随机建模 [M]. 北京: 石油工业出版社, 2001.

[30] 张团峰, 王家华. 油气储层随机模拟的地质应用 [M] //中国数学地质 6. 中国地质学会数学地质专业委员会. 北京: 地质出版社, 1995: 62-73.

[31] 张团峰, 王家华. 储层随机建模和随机模拟原理 [J]. 测井技术, 1995, 19 (6): 391-397.

[32] 李少华, 张昌民, 汤军, 等. 顺序指示模拟方法及其在濮城油田储层非均质性研究中的应用 [J]. 江汉石油学院学报, 1999, 21 (1): 13-17.

[33] 李少华, 张昌民, 汤军. 砂体厚度的随机模拟 [J]. 新疆石油地质, 1999, 20 (6): 505-507.

[34] 李少华, 张昌民, 林克湘, 等. 应用改进的布尔方法建立砂体骨架模型 [J]. 石油勘探与开发, 2000, 27 (3): 91-92.

[35] 李少华, 张昌民, 马玉霞. 线性规划法自动拟合变差函数的改进 [J]. 江汉石油学院学报, 2001, 23 (S1): 36-37.

[36] 尹艳树, 吴胜和, 秦志勇. 目标层次建模预测水下扇储层微相分布 [J]. 成都理工大学学报 (自然科学版), 2006, 33 (1): 53-57.

[37] 尹艳树, 吴胜和, 翟瑞, 等. 利用 Simpat 模拟河流相储层分布 [J]. 西南石油大学学报 (自然科学版), 2008, 30 (2): 19-22.

[38] 李少华, 张昌民, 林克湘, 等. 储层建模中几种原型模型的建立 [J]. 沉积与特提斯地质, 2004, 24 (3): 102-107.

[39] 李少华, 张昌民, 尹艳树. 河流相储层随机建模的几种方法 [J]. 西安石油学院学报 (自然科学版), 2003, 18 (5): 10-18.

[40] 李少华, 尹艳树, 张昌民. 储层随机建模系列技术 [M]. 北京: 石油工业出版社, 2007.

[41] 李少华, 张昌民, 张尚锋, 等. 沉积微相控制下的储层物性参数建模 [J]. 石油天然气学报, 2003, 25 (1): 24-26.

[42] 李少华, 张昌民, 彭裕林, 等. 坪北油田储层随机建模及结果检验 [J]. 沉积与特提斯地质, 2003, 23 (4): 91-95.

[43] 李少华, 张昌民, 彭裕林, 等. 储层不确定性评价 [J]. 西安石油大学学报 (自然科学版), 2004, 19 (5): 16-22.

[44] 李少华, 张昌民, 尹艳树. 储层建模算法剖析 [M]. 北京: 石油工业出版社, 2012.

[45] 李君, 李少华, 毛平, 等. Kriging 插值中条件数据点个数的选择 [J]. 断块油气田, 2010, 17 (3): 277-279.

[46] 李君, 李少华, 毛平, 等. VC++结合 Fortran 升级地质统计学算法 [J]. 物探与化探, 2009, 33 (6): 715-717.

[47] 包兴, 李君, 李少华. 截断高斯模拟方法在冲积扇储层构型建模中的应用 [J]. 断块油气田, 2012, 19 (3): 316-318.

[48] Xing B, Shaohua L, Changmin Z, et al. An Improved Method for Resource Evaluation of Shale Gas Reservoir [J]. Electronic Journal of Geotechnical Engineering, 2016, 21 (15): 4821-4832.

[49] Goovaerts P. Geostatistics for natural resources evaluation [M]. New York: Oxford University Press, 1997.

［50］Doyen P M. Porosity from seismic data: A geostatistical approach ［J］. Geophysics, 1988, 53 （10）: 1263-1275.

［51］Xu W, Tran T T, Srivastava R M, et al. Integrating seismic data in reservoir modeling: the collocated cokriging alternative ［C］//SPE annual technical conference and exhibition. Society of Petroleum Engineers, 1992.

［52］Matheron G. The intrinsic random functions and their applications ［J］. Advances in applied probability, 1973, 5 （3）: 439-468.

［53］Journel A G. Geostatistics for conditional simulation of ore bodies ［J］. Economic Geology, 1974, 69 （5）: 673-687.

［54］Journel A G. Nonparametric estimation of spatial distributions ［J］. Journal of the International Association for Mathematical Geology, 1983, 15 （3）: 445-468.

［55］Alabert F G, Massonnat G J. Heterogeneity in a complex turbiditic reservoir: stochastic modelling of facies and petrophysical variability ［C］//SPE Annual Technical Conference and Exhibition. Society of Petroleum Engineers, 1990.

［56］Zhu H, Journel A G. Formatting and integrating soft data: Stochastic imaging via the Markov-Bayes algorithm ［M］//Geostatistics Tróia' 92. Dordrecht: Springer, 1993: 1-12.

［57］Mariethoz G, Lefebvre S. Bridges between multiple-point geostatistics and texture synthesis: Review and guidelines for future research ［J］. Computers & Geosciences, 2014, 66 （3）: 66-80.

［58］Meerschman E, Pirot G, Mariethoz G, et al. A practical guide to performing multiple-point statistical simulations with the Direct Sampling algorithm ［J］. Computers & Geosciences, 2013, 52 （1）: 307-324.

［59］Killough J, Fraim M. TiConverter: A training image converting tool for multiple-point geostatistics ［J］. Computers & Geosciences, 2016, 96: 47-55.

［60］Ortiz J M, Deutsch C V. Indicator simulation accounting for multiple-point statistics ［J］. Mathematical Geology, 2004, 36 （5）: 545-565.

［61］Rezaee H, Mariethoz G, Koneshloo M, et al. Multiple-point geostatistical simulation using the bunch-pasting direct sampling method ［J］. Computers & Geosciences, 2013, 54 （4）: 293-308.

［62］Straubhaar J, Walgenwitz A, Renard P. Parallel multiple-point statistics algorithm based on list and tree structures ［J］. Mathematical Geosciences, 2013, 45 （2）: 131-147.

［63］Strebelle S, Cavelius C. Solving speed and memory issues in multiple-point statistics simulation program SNESIM ［J］. Mathematical Geosciences, 2014, 46 （2）: 171-186.

［64］McCulloch W S, Pitts W. A logical calculus of the ideas immanent in nervous activity ［J］. The bulletin of mathematical biophysics, 1943, 5 （4）: 115-133.

［65］Hyvärinen A, Oja E. Independent component analysis: algorithms and applications ［J］. Neural networks, 2000, 13 （4-5）: 411-430.

［66］Kohonen T, Kaski S, Lagus K, et al. Self organization of a massive document collection ［J］. IEEE transactions on neural networks, 2000, 11 （3）: 574-585.

［67］Yeh I C. Modeling of strength of high-performance concrete using artificial neural networks ［J］. Cement and Concrete research, 1998, 28 （12）: 1797-1808.

［68］Nagesh D S, Datta G L. Prediction of weld bead geometry and penetration in shielded metal-arc welding using artificial neural networks ［J］. Journal of Materials Processing Technology, 2002, 123 （2）: 303-312.

［69］Sha W, Edwards K L. The use of artificial neural networks in materials science based research ［J］. Materials & design, 2007, 28 （6）: 1747-1752.

［70］Fish K E，Barnes J H，AikenAssistant M W. Artificial neural networks：a new methodology for industrial market segmentation［J］. Industrial Marketing Management，1995，24（5）：431-438.

［71］Mohammadi K，Monfared A R M，Nejad A M. Fault diagnosis of analog circuits with tolerances by using RBF and BP neural networks［C］//Student Conference on Research and Development. IEEE，2002：317-321.

［72］马正华，薛国新. BP 神经网络训练算法的改进［J］. 江苏理工大学学报（自然科学版），2000，21（1）：79-82.

［73］付金华，郭正权，邓秀芹. 鄂尔多斯盆地西南地区上三叠统延长组沉积相及石油地质意义［J］. 古地理学报，2005，7（1）：34-44.

［74］刘化清，李相博，陈启林，等. 鄂尔多斯盆地延长组若干石油地质问题分析［M］. 北京：科学出版社，2013.

［75］孙伟，樊太亮，赵志刚，等. 乌石凹陷古近系层序地层及沉积体系［J］. 天然气工业，2008，28（4）：26-28.

［76］杨友运. 印支期秦岭造山活动对鄂尔多斯盆地延长组沉积特征的影响［J］. 煤田地质与勘探，2004，32（5）：7-9.

［77］边天宏. 永宁油田 118 井区长 6 油藏注水开发研究［D］. 西安：西安石油大学，2014.

［78］徐胜林. 晚三叠世-侏罗纪川西前陆盆地盆山耦合过程中的沉积充填特征［D］. 成都：成都理工大学，2010.

［79］王若谷. 鄂尔多斯盆地三叠系延长组长 6-长 7 油层组沉积体系研究［D］. 西安：西北大学，2010.

［80］杨生强. 志丹永 152 井区三叠系延长组长 6 储层特征及控油性研究［D］. 西安：西安石油大学，2011.

［81］闫亚文. 环江油田长 6 油藏储层特征研究［D］. 西安：西安石油大学，2014.

［82］张佳超. 王盘山区块长 8 储层沉积相研究及有利区预测［D］. 西安：西安石油大学，2012.

［83］杨金龙. 鄂尔多斯盆地陇东地区上三叠统延长组长 8 油层组沉积相与层序地层学研究［D］. 西安：西北大学，2004.

［84］陈露. 三岔-贺旗地区长 6-长 8 期沉积体系研究［D］. 西安：西北大学，2009.

［85］赵俊兴，罗媛，郑荣才. 鄂尔多斯盆地耿湾——史家湾地区长 6 时期物源状况分析［J］. 成都理工大学学报（自然科学版），2009，33（4）：355-361.

［86］陈培元，姜楠，杨辉廷，等. 由两点到多点的地质统计学储层建模［J］. 断块油气田，2012，19（5）：597-599.

［87］曹思远，梁春生. 储层预测中 BP 神经网络的应用［J］. 地球物理学进展，2002，17（1）：84-90.

［88］赵忠军，黄强东，石林辉，等. 基于 BP 神经网络算法识别苏里格气田致密砂岩储层岩性［J］. 测井技术，2015，39（3）：363-367.

［89］陈蓉，王峰. 基于 MATLAB 的 BP 神经网络在储层物性预测中的应用［J］. 测井技术，2009，33（1）：75-78.

［90］刁凤琴，诸克君，於世为. 一种优化的 BP 神经网络算法在石油储层预测中的应用［J］. 系统管理学报，2008，17（5）：499-503.

［91］刘小亮，于兴河，李胜利. BP 神经网络与多点地质统计相结合的井震约束浊积水道模拟［J］. 石油天然气学报，2012，34（6）：36-42.

［92］《正交试验法》编写组. 正交试验法［M］. 北京：国防工业出版社，1976.

［93］李建国，王敏，李春花. 正交设计方法在低渗透油藏开发技术中的应用［J］. 石油天然气学报，2009，31（3）：288-290.

［94］董如何，肖必华，方永水. 正交试验设计的理论分析方法及应用［J］. 安徽建筑工业学院学报（自然科学版），2004，12（6）：103-106.

［95］Dumarey M, Wikström H, Fransson M, et al. Combining experimental design and orthogonal projections to latent structures to study the influence of microcrystalline cellulose properties on roll compaction ［J］. International journal of pharmaceutics, 2011, 416 (1)：110-119.

［96］Martinez M E, Calil C J. Statistical design and orthogonal polynomial model to estimate the tensile fatigue strength of wooden finger joints ［J］. International Journal of fatigue, 2003, 25 (3)：237-243.

［97］Xu S G, Gan Y Q, Zhou A G, et al. Trichloroethylene and Tetrachloroethylene Orthogonal Experiment Using SPME-GC Method ［J］. Environmental Science & Technology, 2012, 35 (4)：112-116.

［98］Abud-Archila M, Vázquez-Mandujano D G, Ruiz-Cabrera M A, et al. Optimization of osmotic dehydration of yam bean (Pachyrhizus erosus) using an orthogonal experimental design ［J］. Journal of Food Engineering, 2008, 84 (3)：413-419.

［99］徐仲安, 王天保, 李常英, 等. 正交试验设计法简介 ［J］. 科技情报开发与经济, 2002, 12 (5)：148-150.

［100］郝拉娣, 于化东. 正交试验设计表的使用分析 ［J］. 编辑学报, 2005, 17 (5)：334-335.

［101］倪永兴, 韩可勤. 关于正交表选用和表头设计教学的探讨 ［J］. 数理医药学杂志, 1996, 9 (1)：33-35.

［102］韩永龙, 王浩, 付丽佳. SPSS 软件用于药学研究中的正交设计数据处理 ［J］. 药学进展, 2002, 26 (3)：179-182.

［103］胡志洁. SPSS 11.5 软件在正交试验设计中的应用 ［J］. 医学信息, 2007, 20 (5)：737-740.

［104］彭海滨. 正交试验设计与数据分析方法 ［J］. 计量与测试技术, 2009, 36 (12)：39-42.

［105］刘明磊. 正交试验设计中的方差分析 ［D］. 哈尔滨：东北林业大学, 2011.

［106］刘瑞江, 张业旺, 闻崇炜, 等. 正交试验设计和分析方法研究 ［J］. 实验技术与管理, 2010, 27 (9)：52-55.

［107］李少华, 李强, 李君. 影响砂体连通体积因素的定量评价 ［J］. 天然气地球科学, 2014, 25 (5)：643-648.

［108］包兴, 李少华, 张程, 等. 基于试验设计的概率体积法在页岩气储量计算中的应用 ［J］. 断块油气田, 2017, 24 (5)：678-681.